Forståelsens psykologi
mentalisering i teori og praksis

理解的心理学

心智化理论及其在沟通中的应用

〔丹〕Christina Fogtmann 著

袁丽丽 译

中国轻工业出版社

图书在版编目（CIP）数据

理解的心理学：心智化理论及其在沟通中的应用／（丹）克里斯蒂娜·福特曼著；袁丽丽译. —北京：中国轻工业出版社，2022.7

ISBN 978-7-5184-3841-9

Ⅰ. ①理… Ⅱ. ①克… ②袁… Ⅲ. ①发展心理学 Ⅳ. ①B844

中国版本图书馆CIP数据核字（2022）第003092号

版权声明

Christina Fogtmann
Forståelsens psykologi – mentalisering i teori og praksis
1. udgave 2014
© Samfundslitteratur 2014

总策划：石 铁
策划编辑：刘 雅　　　　责任终审：张乃柬　　　责任校对：万 众
责任编辑：刘 雅 朱胜寒　　责任监印：刘志颖

出版发行：中国轻工业出版社（北京东长安街6号，邮编：100740）
印　　刷：三河市鑫金马印装有限公司
经　　销：各地新华书店
版　　次：2022年7月第1版第1次印刷
开　　本：880×1230　1/32　印张：6
字　　数：80千字
书　　号：ISBN 978-7-5184-3841-9　定价：52.00元
读者热线：010-65181109，65262933
发行电话：010-85119832　传真：010-85113293
网　　址：http://www.chlip.com.cn　http://www.wqedu.com
电子信箱：1012305542@qq.com
如发现图书残缺请与我社联系调换
211442Y2X101ZYW

译 者 序

理解自己与他人，是一种能力，是可以训练的。无论是马歇尔·卢森堡（Marshall B. Rosenberg）的"非暴力沟通"，还是丹尼尔·戈尔曼（Daniel Goleman）的"情商"系列，都涉及这样一个核心——当语言作为心智化能力的表现形式之一时，我们应该如何应用。

在生活中的每时每刻，我们都希望自己的所思所想能够被他人理解，同时我们也希望能够准确地抓住他人话语中的重点，从而与之达成共识。殊不知，理解本身也是一种能力。而在现代社会中，是否每一次对话、每一种行为表现都能达到彼此理解的效果？这其中是什么因素在起作用？又是什么因素在"作怪"并导致沟通中出现误解？如何拨开沟通中的层层迷雾，让言语行为更加行之有效？

作为译者，我第一次接触心智化理论是在丹麦哥本哈根大学就读时，在克里斯蒂娜·福特曼（Christina Fogtmann）教授的"理解的心理学"这门课上。从前，心智化理论只应用于临床范围，以考量精神科医师与有着相关病理诊断的患者之间的沟通。而今，心智化作为人类的基本能力，已经被广泛应用在临床外的日常对话中。为什么有的人摔倒了能够拍拍身上的灰尘就爬起来，而另一些人则需要相对长的时间才能恢复？为什么我们在与别人的互动过程中能够更加认清自己？为什么不同的人会有不同的心理弹性？在通往理解的道路上会经历哪些过程？如何激活与培养人类这个与生俱来的能力，并通过什么样的方式来实现评估的可能？

关于言语使用的著作非常多，而这本书实际上涉及的是影响言语表达与理解能力的心理根源。福特曼教授基于多年在语言心理沟通领域的深入研究，整理并论述了心智化这一能力在三个不同的沟通场景中的应用。如何在不同的场景以及不同职业的人们的互动中增进彼此的理解，并且创建可持续发展的优质的沟通关系，正是我们希望与读者一起继续关注及探讨的问题。

在丹麦，心智化理论在不同的实践领域中都取得了实质性成果，作为译者以及职业的家庭治疗师，我对能够将本书翻译为中文出版并为国内的相关同行以及沟通爱好者带来启迪深感荣幸。

最后，非常感谢原著作者、丹麦Samfunds Litteratur出版社以及中国轻工业出版社"万千心理"对于中文译本出版以及心智化理论在中国的传播与发展的大力支持。作为译者虽已努力耕耘，但语言之间的微妙与差异始终存在，若发现细微之处的曲解或有不同的建议，欢迎读者不吝赐教。

袁丽丽
写于丹麦哥本哈根
2021年11月1日

中 文 版 序

心智化描述了我们理解自己以及他人的想法和感觉背后的心理状态的能力。这种能力影响着我们与他人的交往以及我们想要建立的各式各样的人际关系。因此，关注与他人的关系对于专业人员所从事的职业以及所执行的工作任务而言，是很有趣的。

在2014年写《理解的心理学》这本书时，我不仅希望让心智化成为临床心理学实践中的一个相关概念，而且希望将心智化作为一种可以在其他交际中被理论化、指定和训练的能力。我的想法是，有了心智化的概念，我可以为管理人员、教育工作者、卫生专业人员和其他行业的团体关系工作的专业化做出贡献。

如今，我仍然保持着这个想法。通过研究和教学，我已经证实了在临床领域之外进行心智化的潜力。我希望这本书的理念也能够在中国的学生、研究人员和职业从业者中得到证明：他们对认识其他人的重要性和可能性感兴趣，并能从中提高对自己以及他人的心理状态的认识。

感谢我的学生及本书的译者袁丽丽,相信这本书在中国的应用以及心智化的理论潜力和实践意义。

克里斯蒂娜·福特曼(Christina Fogtmann)

写于丹麦哥本哈根

2021年秋

目　　录

第1章　导论 ··· 1

第2章　心智化的表现 ·· 7
　　　非心智化、不良心智化、心智化及良好心智化的特点 ······ 7
　　　伪心智化 ·· 12
　　　心智化能力形成的条件 ································ 15

第3章　心智化能力的不同维度 ································ 19
　　　他人与自我的心智化 ·································· 21
　　　内隐与外显的心智化 ·································· 31
　　　情感与认知的心智化 ·································· 37
　　　内部与外部的心智化 ·································· 41

第4章　发展心理学视角的心智化 ······························ 47
　　　鲍尔比关于依恋的假设 ································ 47
　　　关于依恋模式的描述——儿童方面 ······················ 51
　　　关于依恋模式的描述——成人方面 ······················ 55
　　　鲍尔比和福纳吉对依恋的看法 ·························· 58

　　　　如果没有被他人看见，我们也无法看见自己和他人 ········· 58
　　　　自我的建立——照顾者与基因的意义 ··················· 63
　　　　情绪调节——迈向心智化的道路 ······················· 67
　　　　心智化的不同模式 ································· 71
　　　　安全依恋是心智化的前提 ··························· 77
　　　　从神经生物学的角度看心智化与依恋的联系 ············· 79
　　　　拥有安全依恋经历的孩子总是擅长心智化吗？ ············ 81

第5章　心智化理论的根源及相关的理论概念 ····················· 85
　　　　心智化的理论根源及灵感 ··························· 85
　　　　与心智化相关的概念 ······························· 89

第6章　关于心智化能力的评估 ······························· 99
　　　　成人依恋访谈与反思功能 ··························· 99
　　　　心智化能力是动态的、情境化的 ····················· 106
　　　　心理状况与语言 ·································· 120
　　　　评估心智化的不同层面 ···························· 124
　　　　关于内隐心智化的研究 ···························· 126

第7章　心智化在临床外的应用 ······························ 137
　　　　和平学校项目 ···································· 138
　　　　丹麦在临床外应用心智化的经验 ····················· 141
　　　　健康沟通中的心智化应用 ·························· 142
　　　　管理及组织实践中的心智化应用 ····················· 149

教育实践中的心智化应用 ·· 157

　　心智化在三种不同实践中的应用 ································ 162

第8章　结语——心智化的不同视角 ······································ 165

参考文献 ·· 169

第 1 章

导　　论

　　理解，是一种非常重要且纷繁复杂的现象。理解之重要性，其一可归因于理解本身是建立在我们自身与他人之间的沟通循环以及交际关系的基础之上的；而理解之复杂性，则源于在交际时人们会处于不同类型的理解过程当中。若是试图描述"理解"这一现象，的确可以从不计其数的角度出发来开展讨论。

　　在本书中，我将要着手阐述的理解是指理解能力，即人类所拥有的一种理解人与人之间行为活动背后所隐藏着的心理活动的能力，这些心理活动包括了人们的感觉、需求、欲望以及活动动机等。我用来观察这种理解能力的视角源自心理学，因此，我将本书起名为《**理解的心理学**》。我的目标是给读者提供一种基于心理学的介绍——介绍这样一种心理能力，它不但能让我们"置身事外"看自己，而且能够"置身事内"看他人。这是一种将心比心的能力。

　　关于这种理解的能力，我将会通过**心智化**（mentalization）

这个术语在本书中进行详尽的阐述。心智化理论的主要研究者为心理学家彼得·福纳吉（Peter Fonagy）。除了福纳吉之外，精神科医师约翰·艾伦（John Allen）和安东尼·贝特曼（Anthony Bateman）以及其他先驱者也在进行心智化的研究。本书对该理论的研究主要基于以上这些作者在理论与实践上的摸索。除此之外，我将会对上述作者对心智化的变化与发展所做出的描述进行评价，并且对他们所论述的关于心智化理论中存在的模糊性进行讨论。

心智化，在很大程度上是指一种特定的心理设置，以及人们对这种心理设置的使用能力——我们称之为心智化能力。哲学家丹尼尔·丹尼特（Daniel Dennet）将这种心理设置称作**有意图的态度**（intentional stance），它可用于理解他人的愿望、需求和感受，而正是这些心理活动激励着人们的行为。进一步说，心智化这个心理设置的特点还包括，个体对他人心理活动的理解具有无穷的灵活性和想象力。然而，这些灵活性和想象力并不会导致人们丢失与现实生活的连接，或是使人们失去对他人思想存在的意识。从这种心智化的角度出发，能让人们持续不断地意识到自我与他人的心理活动之间的区别。这听起来很简单，也很理所当然，但要保持思想的灵活性的这种心理设置却并不如想象中这般简单。这种隐形的心理设置要求我们首先认同这样一个观点，即我们从来都无法百分之百地理解或得知他人大脑里的思想活动。与此同时，这个认同点还包括，我们在心智化的过程中必须始终保持开放的、探索的、好奇的态度来面对他人。若我们始终对自我与他人的思想抱着谦逊的态度，即便已经确定了对他人脑海里的思想活动的理解，亦相当于为改变自己的感知和观点做好了准备。与此同时，心智化还需要人们对自己的行为保持一种反思的态度。在这种情况下，怀疑与反思的态度能够帮助人们进一步理解那些藏在行为背后的、与之相匹配的心理活动。我们有时会有这样的体会或想象，即我们的心理活动是透明的。也就是说，我们随时都能清晰地感知到自己的心理状态。而心智化的理论所给出的一个假设是：人们对心理活动的感知并不是随机的。也就是说，在我们与周围的人进行交际活动时，不但需要保持对他人心理活动的好奇心并秉承开放的原则，同时也需要将这个原则应用到对自己的反思过程中，即同时保持着对自我心理活动的好奇。

毋庸置疑，具有心智化的能力对于人们如何应对生活中所遇到的挑战，有着举足轻重的意义。其中的原因之一是：心智化关系着心理学上一个非常有趣的概念，叫**心理弹性**（Allen m.fl. 2003）。心理弹性是一种精神复原力，比如一些人的心理弹性比另一些人发展得更多更好（Borge 2004）。心理弹性是一种能力，它使人们能够适应重大的挑战和压力。因此，心理弹性也是使一些人能够对不利于自身的发展条件进行反抗，而另一些人则被这些逆境打压得消极的因素之一。心智化在这个层面上被视作发展心理弹性（或者可以说是精神弹性）的钥匙。

除此之外，心智化也被认为是一种至关重要的建立人际关系的能力。艾伦等（2010）在书里这样写道：

> 心智化能力的缺失会导致你在与他人的关系中产生严重的问题。如果你无视你的朋友、家庭成员以及配偶的需求和感受，或是你误读了他们行为背后的心理原因，他们将会感到非常难过。（Allen m.fl. 2010: 344）

心智化的重要性首先体现在心理学及精神治疗领域，它起源于临床孤独症的治疗，而后被引入创伤及边缘型人格障碍的治疗当中。正如前面所提到过的，福纳吉和他的同事们发展了心智化的概念。如今，这个概念已经得到了广泛的应用。在应用当中，心智化作为人类的一般能力得到了关注。因此，我们可以说，现在人们所讨论的心智化概念已被应用在其第三波浪潮中（Heinskou 2012）。本书将要讨论的正是心智化在这第三波浪潮中的应用。

也就是说，在这本书里，我将把心智化当作一种一般能力，并以此为焦点进行探讨。我所研究的关于这个概念的切入点是，心智化对于没有精神疾病诊断的人们以及人们在心理治疗临床场景外的交际与沟通也有着关键意义。进行心智化对于我们与他人沟通的方式和所建立起来的或专业或私人的关系来说，都是至关重要的。

> 心智化这个概念（或现象）可以看作我们在与他人进行交际时所采用的方式的重要基石之一，因为它同时也解释了，人们如何在复杂的人际互动中在细节上相互影响。（Christiansen 2006: 20）

在本书的前6章中，我将会从人类的普遍视角对心智化理论进行一个综合全面的介绍。在这部分我将阐述一系列与概念相关的二分法——这些清晰地构成了心智化内容所包含的方方面面。接下来，我将透过发展心理学的视角对心智化能力的发展进行阐述。在这之后，我会把心智化的概念以及与之相近的其他概念（例如共情）进行对比讨论。最后，我将聚焦在对心智化能力进行评估的可能性方面进行讨论。这个理论方面的介绍将会区别于现有的心智化成果，因为它们的讨论主要集中在心智化概念与精神障碍的临床治疗方面。

在本书的第7章里，我将聚焦于心智化在专业关系沟通中的应用。在这里，我将会阐述，专业人士的心智化能力是如何对沟通成果以及谈话的另一方的体验（如在沟通当中增进彼此的理解）起作用的。这个基础思路是，当专业人士拥有健全的心智化能力时，沟通当中的理解将会增强，这里面包含着专业人士的自我理解以及对与之沟通的谈话对方的理解。

具体地说，我将引入心智化在三个不同领域内的实践案例：健康咨询实践、教育实践以及与管理层有关的实践。通过在以上这些实践领域中现有的研究成果以及与相关人士所进行的访谈，我将进一步说明为何心智化能够作为一个核心理论被应用到临床治疗外的专业环境里，进而尝试优化沟通过程。

心智化的能力并不是天生的，而是由儿童时期发展而来的。它的发生与发展以儿童在成长时期近距离接触到的环境为前提条件。人们满足这些条件的程度都不一样，这也正是人与人之间心智化的程度有所区别的原因。在心理治疗的过程中，谈话双方投入了情感并建立起联系，正是这个联系让我们假定，与心智化相关的问题能够发生变化（Bateman & Fonagy 2006）。基于上面所提到的这些访谈，我将向大家展示，"人类的心智化能力在临床外能够得到训练"这一提议是如何产生的，即不是在有精神诊断的临床患者身上，而是在一般专业关系范围内负责沟通的普通人身上。

心智化理论将作为主要线索贯穿在我的论述中。尽管福纳吉和他的同事们在描述心智化时并未将其陈述为一个独立成型的理论，但我认为，心智化理论正走在一个成熟理论的形成道路上。

第 2 章

心智化的表现

在心智化的文献里有对各式各样关于心智化的行为的描述,其中包含着与心智化相对的非心智化、与不良心智化相对的良好心智化以及是否有心智化能力的描述。

非心智化、不良心智化、心智化及良好心智化的特点

我们可以把**心智化**与**非心智化**看作两种不同的状态,它们作为两个极点存在于一个连续谱当中。在非心智化的状态下,人们的想法往往会相对呆板,例如,非黑即白。这个状态会引发的潜在趋势是,自身与他人的行为无法与其精神状态相联结。在心智化的状态中,人们会对自身及他人的精神状态进行反思,而这个反思活动能够使人们站在不同的角度去看待不同的体验(Taylor & Fonagy 2012)。

心智化的不同表现形式与我们对自我的描述所揭示出来

的信息密切相关（Bateman & Fonagy 2006）。在本书的第6章中，我将会讨论到，心智化在人与人的沟通中还存在着其他的表现形式。贝特曼与福纳吉指出，处于非心智化状态下的人，常常会在对精神活动的解读中对细节进行夸大的描述。与此同时，他们还指出，非心智化活动的典型特征之一是，非心智化的个体的思维方式常常被外部环境中无形的规矩和责任义务所占据。除此之外，非心智化常与一种普遍化的心理趋势联系在一起，这个特点阻碍了个体对于关系之间以及人与人之间的独特性的认识。综上所述，非心智化的一个显而易见的特点是：人们认为自己所想即他人所想。也就是说，在这整个心理过程当中，人们缺少了对自己及他人行为的独特关注。与此同时，人们也相对地失去了了解自己与他人行为活动背后的心理动机的机会（Bateman & Fonagy 2006）。

在2012年最新出版的关于心智化的选集[Bateman & Fonagy (red.) 2012]中，作者提及了**不良**心智化（Luyten m.fl. 2012）。研究表明，不良心智化往往与非心智化存在于同一个连续谱内。而这两者之间的区别是，不良心智化并非是个体完全丧失了心智化的能力。不良心智化在很大程度上还体现为对心智化活动的经历有相当的执念，其特点之一是对于过往经历存在着高度的信仰。换句话说，当人们处于不良心智化的过程时，将不会意识到自己对自我及他人的经历和心理活动会产生错误的理解。因此，不良心智化表现为以下两点之一：一是对意识及活动缺乏深入的理解；二是对心理活动的描述过于细节化，例如通常将重点放在与他人行为相关的空洞描述上。空洞描述的原因可以理解为，一个人表现出等待的、被动的或未参与的状态——这种状态的产生或许是源于懒惰或疲倦——因而产生了缺乏心智反射的动态行为。不良心智化的另一个特点还可以表现为个体缺乏对自我及他人的心理状态的兴趣，或是直接开启了自我防御机制。例如，在语言行为上表现出进攻性、转换话题以及在对话中表现出非合作的状态等。除此之外，研究者们还提出了不良心智化的其他表现形式，我将在下一章中具体介绍。综上所述，形成不良心智化表现的根源是：在心智化的不同维度中所活跃着的各个极点处于一种失衡的状态。

在心智化活跃的心理活动中，人们能够通过自我叙述的方式表达出一种不确定性，即人们永远无法得知他人的感受与想法。但这并不意味着他人的行为方式是随机的。相对而言，从个体的表述当中能够看出，人们并不认为完全无法对他人的心理状态进行假设。大体来说，人们认为，他人的行为在很大程度上是可预见的。而当个体处于心智化状态时，其表现形式之一则是：个体有能力对自己的行为进行反思，并能从多个不同的角度来审视这些行为及心理活动。与此同时，个体还能够表明，自身对行为及心理活动的理解是有可能会发生变化的。除此之外，个体认可一种实际的怀疑论，并在一定程度上认识到，人们是有可能对自己的感觉产生疑惑的。个体能否对自己、对他人以及相关的精神生活保有适当的好奇心，与个体和他人都是息息相关的（Bateman & Fonagy 2006）。

在2012年关于心智化的选集中，研究者将**不良心智化**与**良好心智化**相提并论。选集描述了保持良好心智化能力的前提条件，以及它是如何成为先决条件的。良好心智化的前提是个体对于冲突有着内在的意识：人们必须关注并接受冲突关系的存在，并同时承认，自发与无意识能够对个体活动及心智化状态产生影响。这些想法强调了心智化理论所依赖的心理动力关于理解的框架。良好的心智化能力可以体现在以下内容中（Luyten m.fl. 2012: 58 f.）：比如人们真正地对自我及他人的心理活动感兴趣；又比如人们明确地知道，心理状态是一种非透明的状态；人们能够认识到，心理活动是处于发展变化中的。除此之外，这种能力还包括：人们能够在自己的想法中灵活穿梭、能够预先表达自己的体验与经历并且给出对其他人的感受的阐述，以及，对自身行为有掌控权。作者还提及了与良好心智化相关的个人特征：如不偏执、好奇、包容等等。另外，与此相关的还包括，在个体进行心智化活动的时候，位于连续谱当中的各个极点处于和谐的状态并具有灵活性。这一点我将会在下一章中进一步讨论。

在前面所提及的与心智化研究相关的选集中，作者们还提到了这样一个专有名词——**心智化的态度**（mentalizing stance, Fonagy m.fl. 2012）。这个专业术语的提出最初是在临床治疗领域，涉及临床心理治疗师在怎样的心理模式下与接受心理治疗的患者进行对话。与治疗行为相关并且与研究成果完全一致的是，心智化能力的主要作用体现在交际方面，尤其是与和他人会面时的对话中所采取的回应方式相关。进一步来说，心智化的态度要求人们在对话中保持疑问的态度并希望能够得到更多的细节阐述，而不是对内容下定义并自行对事件进行加工解读。换句话说，即人们放弃对既有信息的即刻评判，从而表达出希望得到更多信息的愿望，以便于从整体上对事件有一个明晰的理解。拥有这样一种心智化的态度涉及相关的方方面面，如在交际时保持一种谦逊的态度、承认自身知识面存在局限性以及接受各式各样的立场观点所产生的言论。

相对于福纳吉等人在2012年的研究著作里所提及的心智化态度的概念，我在本书中选择从一个更加宽泛的角度来对心智化的态度进行描述。我采用的这个角度，不仅仅局限于心理治疗师在与患者对话时的心智化干预，还将这种方式应用在日常状况当中，如我们如何保持疑问与好奇、倾听、对他人的阐述抱有兴趣并愿意从多个角度出发来对他人进行鼓励——鼓励个体尝试对自身及他人进行理解。同时我还将讨论心智化的态度和相关的具体方式，如人们在沟通当中的体验以及对自身及他人行为的反思。这些具体的方式与人们在心智化状态下的意识相关。例如，当意识相互冲突或是处于非透明可见的状态时，该如何对它们进行解读，以及它们自身将如何继续发生变化等等。在关于心智化态度的阐述中，我将汇集与其相关的广泛的要素。这些要素主要包含了以下几个方面：如理解自己及他人的精神状态如何与心智化产生联系、交际中的特点以及心智化态度如何与交际中的回应方式相关。我从这些收集到的材料着手，是因为它们在原则与根本理论上与心智化的态度是息息相关的。

伪心智化

贝特曼和福纳吉指出，非心智化的一种表现形式是**伪心智化**。单从心智化与伪心智化这个角度来说会难以区分，原因是伪心智化包含了所有显而易见的心智化的特点。当个体在进行伪心智化时，会进入一个处理他人的心理状态的假想阶段，然而，这个加工处理的过程在很大程度上并不是真实的心智化过程。因此，伪心智化的过程并没有涵盖与真正心智化相关的特质（Bateman & Fonagy 2006）。伪心智化的形式至少可以界定为以下三种。

1. 视角缺失：个体永远无法确认自身对他人感受的感知。贝特曼和福纳吉把这种视角的缺失称作**霸道的伪心智化**。其原因是个体忽视了实际心理过程中的不透明性，把自己的所想所知与他人的想法及根源画上了等号（Bateman & Fonagy 2006）。这种类型的伪心智化主要体现为个体在描述其对他人思想和情感的了解时所表现出来的丰富性和复杂性。最常见的情况是，如果向伪心智化者询问，为什么客体会产生当下这样的理解方式，个体（即伪心智化者）则将无法继续保持一种即时的心智化状态。相应地，他们通常将会开始提及个人特质（"你就是这种人"），或者将一种直观的感觉当作论点来进行强调（"我就是知道"）。

2. 夸张描述：个体用一种夸大的方式来对他人的想法和感受进行描述。贝特曼和福纳吉把这种方式定义为**过度活跃的伪心智化**（Bateman & Fonagy 2006）。这里讨论的都是个体情况，即当个体对他人的精神状态投入过多的能量时所产生的心智化活动。在下一章里，我将会对心智化的不同层面进行讨论。如果将这种方式的伪心智化与心智化的不同层面相结合，我们便可以看见，这种情况属于个体对他人的状态进行了过多的反思，即个体失去了对他人想法的直觉感知，取而代之的是在过程中进行了更多赘余的思想加工。在对这种形式的心智化的描述中，研究者也提及了另一方对伪心智化的反应情况：（夸张的描述）会使沟通中的另一方感觉到困惑、缺乏对主题的认识并且无法相互理解。

3. 解读错误：人们对他人的想法和感受的解读完全错误。贝特曼和福纳吉将最后这个表现形式描述为**破坏性的、不准确的伪心智化**（Bateman & Fonagy 2006）。这种情况是个体否认现实，并将对他人心理状态的误读归咎于其他因素。它可以体现为个体完全拒绝接收他人表达出来的与其自身感受相关的语言信号，反而声称他人所拥有的是与语言信号相悖的另一种感受。个体所陈述的感受，通常同时包含着对他人的指责及无法共情的态度。针对这点，贝特曼和福纳吉给出了这样一个例子：一个既愤怒又悲伤的女儿对母亲说"如果我死了，你就会高兴了"——这其中包含着所有可以想象到的担忧的情绪（Bateman & Fonagy 2006）。

通常来说，人们的心智能力可以在心智化与伪心智化之间摇摆。也就是说，前一秒个体可以在进行真正的心智化，而在下一秒，种种因素的影响会使个体无法继续保持心智化的能力。例如，我们很容易忽视这样一个事实——我们永远无法确定他人的心理活动。正是这种不可知的因素，导致生活中时常会产生令人不快的孤立感与孤独。但人们在心智化活动中所存在的摇摆性，使得个体能够很快地从伪心智化中反应过来。因为当个体进行伪心智化时，他人的反应常使个体产生更大的疏离感。

伪心智化与儿童处于幼儿期的**佯装模式**相关。当个体处于这个佯装模式中，与其相关联的想象并不能与外部现实联系在一起。关于这一点我将在第4章中详细阐述。

心智化能力形成的条件

心智化能力的缺乏以及不良心智化通常是一系列与心理病理学相关的行为表现特征。这些行为特征主要与孤独症谱系障碍和边缘型人格障碍有关。正如贝特曼和福纳吉所表述的那样，广义的心智化在很大程度上意味着大多数的精神障碍表征中都包含着心智化问题（Bateman & Fonagy 2006）。但是，这并不意味着理解精神障碍必须从心智化层面着手。在这一点上起决定性作用的是,心智化的问题是否对所讨论的精神障碍起着至关重要的作用。因此,无论是进行心理干预还是精神科干预,都与提高心智化能力密不可分。在挪威关于心智化研究的网站下行的菜单项"相关书目"内可以找到心智化与孤独症以及心智化与人格障碍相关的文献。除此之外,在这个网站上还能够找到心智化与饮食失调、创伤后应激障碍(post-traumatic stress disorder, PTSD)、焦虑抑郁以及性功能障碍等研究的最新论文。与此同时,有自我伤害行为的个体也常常有心智化的缺陷,对此,研究者特赖因·鲁珀特(Trine Reupert)在其论文"个体是否能够切除情绪上的痛苦"中进行了较为深入的讨论(Reupert 2009)。

但是,良好心智化与不良心智化不应仅被看作一个为精神障碍患者分配了固定位置的连续谱。没有精神病诊断的个体会在不同的时间置身于这个连续谱的不同位置。因此,心智化缺陷不但被认为是个体**特质性的**(trait-like)典型特征,也被认为是**状态性的**(state-like)。也就是说,心智化能力随着个体的变化而发生变化(Liotti & Gilbert 2011)。

因此,心智化能力被视为一种动态的能力,该能力因人而异,并且因个体所处的环境以及关系的不同而发生变化。也就是说,心智化能力是一种针对具体情况所表现出来的能力。心智化能力的发展(这一点我将在第4章中具体阐述)依赖于个体在成长过程中与照料者（如父母或其他家人）之间所产生的安全依恋以及依恋关系的发展情况。另外，这种能力会在个体与他人互动时所建立并体会到的安全关系当中继续发展，并且在这种状况下发挥到最佳。

在心智化理论中有一个中心假设，即当我们体验到强烈的情绪冲击（或者说**唤醒**，arousal）时，心智化能力就会受到挑战并下降。例如，当处于恐惧的状态时，我们的心智化能力会被削弱，与之相对的"**战斗或逃跑**（fight or flight）"反应将会被激活（Fonagy & Luyten 2009）。基于神经科学的研究，这个现象可以被解释为：随着唤醒水平的上升，神经系统的激活发生了变化。在这个过程中，前额叶、控制和执行功能的模式变得更加自动化。我在下一章中将会讨论，与神经系统有关的行为功能的变化意味着从有意识的自省心智化到无意识的内隐心智化的转变。如果在这个过程当中，唤醒水平足够高，则会使相关的心智化能力与现实脱节。从进化的角度来看，这些转变对我们的生存起着重要的作用。例如，当我们看到一头狮子站在面前时，与其激活自己的心智化能力去理解狮子的心理状态，不如让强大的情感唤醒促使我们断开心智化链条立即逃跑。但在其他的情况下，尤其是当我们感受到压力与沮丧的时候，高强度的唤醒则是不利的，因为它将会阻碍我们心智化能力的展开。当我们处于一些复杂的关系中，如与周围的人发生冲突时，如何以最佳的方式去解决冲突，则取决于我们的心智化能力。心智化能力也与积极情绪的激活有关。例如，当我们沉浸在爱情中，心智化能力也将被影响并相对有所削弱。

在本书的第4章中，我将会提及，影响心智化能力的唤醒度或情绪冲击水平因人而异。到目前为止，我们需要厘清的一个关键点是：心智化能力处于一个动态范围，它将会受到我们所处的关系以及关系中我们被激活的情绪的影响。因此，当我们能够在情绪上保持平衡并在与他人的相处中获得足够的安全感时，心智化便处于最佳的状态。由于这些条件始终在变化并且通常只能得到部分满足，或者只能在与他人的特定互动中得到满足，我们的心智化水平将会上下摇摆。在下一章中，我将详细阐述与心智化能力相关的各个维度，并对那些影响心智化能力发展的相关因素进行细分。

第 3 章

心智化能力的不同维度

心智化的概念是多维度的,这种多维度的特点主要表现在四个层面上(Fonagy & Luyten 2009; Fonagy m.fl. 2012)。多维性在很大程度上有助于我们将心智化和相关的概念及理论区分开,例如共情和**心理理论**(Theory of Mind)。针对这一点,我将在第5章中具体讨论。

心智化的维度在不同的层面上展现了与所有心智化过程相关的特征。每一个维度在两个极点之间不断地活动变化着,反映出心智化的不同表现形式以及个体所处的心智化过程。而所有的心智化过程正是在以下极点之间取得平衡:

- 是外显的还是内隐的;
- 是认知方面还是情感方面;
- 内容主体是他人还是自我;
- 是与内在关系还是外在关系相关。

对这四个维度与八个极点的描述，将有助于我们对心智化的概念及其内容有更多的了解。除此之外，具体的描述还可以帮助我们更细致地了解到心智化会部分失败的原因。在理想状态下，心智化活动需要在这八个极点之间处于一种平衡的状态。也就是说，每一个极点都得是一种"在线"的状态，并且心智活动能在每个维度的两个极点之间获得平衡。我在第2章里所提到的良好心智化与不良心智化之间的变化，与上述心智化的四个维度息息相关。心智化不良问题的产生，正是由于心智活动在这八个极点内的拉伸处于一种不平衡的状态。

我们假定心智化维度中的所有极点都基于特定神经结构和系统的激活，并且在每个具体的维度内，不同的神经结构和系统与相对应的两个极点相关。在接下来的内容里，我将引入心智化维度的神经基础。这个描述从多个不同的角度来看，都是非常有趣的。首先，它明确了在心智化理论中引入神经科学研究的趋势，而这些研究的结果是在心智化理论之外独自成立的，因此为其提供了更有力的证据。其次，在某种程度上，人们非常相信对神经结构和系统功能的解释，因此这一描述有助于证明每一个维度及其极点确实存在的假设。最后，对不同神经基础的描述，将有助于解释为何处于某些维度一极的人比另一极的人心智化能力更高——准确来说，因为在不同极点，起作用的神经系统是不同的。当一个极点和对应的特定神经系统发生功能失衡时，另一个极点和对应的神经系统便会对其"过度补偿"。

已有文献描述了精神障碍患者在心智化维度的极点之间的失衡状态。例如，有研究表明，边缘型人格障碍的患者在心智化的四个维度上都处于失衡的状态。但是如果我们坚定地认为心智化是一种动态的能力，它会因为个体的情绪状态或所处的人际关系而发生变化，我们同时也应该假定，对没有精神病诊断的人而言，各个维度都可能发生情境性的失衡。我们会发现，对于所有的维度，我们都可能在平衡两个极点时出现问题。

在接下来的部分，我将介绍四个维度的特征，以及维度极点的神经基础。

他人与自我的心智化

特征

第一个维度与心智化的对象有关：我们尝试理解谁的心理活动？我们关心谁的想法？

当心智化指向他人的时候，我们尝试着去理解他人行为背后的心理活动。例如，教师尝试着理解为什么学生在课堂上会突然大笑、为什么同事在路过的时候没有和自己打招呼。

而自我的心智化，则是关于努力理解自己行为背后的心理活动。根据艾伦、福纳吉和贝特曼的描述，自我心智化可以以第一人称或第三人称视角的形式存在，而这两个视角所呈现出来的内容会存在差异（Allen m.fl. 2010）。第三人称视角的心智化会相对表面。例如，一个部门领导反思自己为何在毫无预兆的情况下责骂员工，她可以解释说，因为相比往常而言，今天她感觉到的压力更大。通过这样一个第三人称视角，这位领导的反思听起来比较像是一位旁观者，而这个角度则是一种我们称之为客观观察者的角度。心智化理论家认为，这种理解自己的方式与理解他人的方式是相同的：人们从一个旁观者的角度对他人（或自己）进行心理描述。相对于第三人称来说，第一人称的视角意味着个体对自己更直观的认识。这份认识不但覆盖了个体对自己认知的分析，也包含了个体对情绪的感知。情绪感知在这个时候并非基于识别具体是哪种情绪在起作用，而是感知情绪并赋予其意义，理解情绪的历史发展以及发生背景。在这种情况下，心智化可以看作是一个自我创造的过程。第一人称视角的自我心智化与临床心理治疗的过程很相似，都以探索自我叙述中情绪的意义为核心。

在最新的关于自我与他人的心智化关系的研究中，对自我心智化的各种形式的描述在某种程度上是有误导性的。也就是说，对自我和对他人的理解方式并不能够被看作是程序上的不同。在下文中我将详细阐述。

自我与他人的心智化这一维度与其他三个维度有所不同，其原因是，在这个维度上并不存在极点的两分。也就是说，这个维度内的两个极点——对自我的心智化与对他人的心智化，并不是通过单独的神经系统来实现。人们对自己以及他人的理解和体验有着非常密切的联系。福纳吉、卢伊藤（Luyten）和同事认为，参与他人和自我心智化的神经系统是一致的。也就是说，我们对他人的理解在程序上与对自己的理解并没有区别。因此，艾伦、福纳吉和贝特曼所描述的第一人称和第三人称视角之间的差异，可能主要并不是心理状态的内外部视角的差异，而是在理性或认知的心智化中是否存在情绪或情感的心智化。因此，第一人称视角的自我心智化或情绪性的自我心智化，同时也被定义为**心智化的情感性**。心智化的情感性是指，个体持续处于自身情绪状态的同时，能够反思并试图理解这些情绪——并不是对自己的心理状态进行理性推断，而是理解心理状态根植于情绪和过往经历。对于心智化情感性的理解必须基于心智化理论，而心智化理论认为情绪与认知是密不可分的——或者更确切地说：认知或理性过程中总是包含着情绪因素。关于这个问题，我将在本章后面的部分继续讨论。

数百年来，心理学家、哲学家和现象学家都在——使用不同的概念——思考与他人相关的心智化：我们如何获得进入他人思想的"入场券"？如何产生对他人心理意识的认知？在心智化理论中,关于如何实现这种心理活动的"访问"以及如何建立**主体间性**,与实现**主体性**的方式——取得理解自己心理活动的钥匙——是一致的。透过发展心理学的视角——我将在第4章详述——我们能够通过与他人的交往来理解自己,并且在这个过程中也学习了如何理解他人。

在这个假设下,我们确定了两个与此维度相关的中枢神经系统,但它们并不是与自我或他人的心智化单独相关,而是更多地涉及我们如何区分自我与他人的心智化并维持这个界限。如果这两个系统不能协调一致,维持界限的能力就会出现问题。

神经基础

有一个神经系统被认为对自我和他人的心智化至关重要,这说明心智化理论是一种"身体的思想"。**镜像神经元系统**就是与这一维度相关的两个中枢神经系统之一。

在其位于意大利的实验室,神经生理学家里佐拉蒂(Rizzolatti)和同事在猕猴身上发现了**与动作有关的镜像神经元**。在实验中,当一只猕猴执行一项动作或看到其他猕猴执行相同的动作时,它的神经元会被激活。后来的脑部扫描研究表明,人类的大脑中也存在着相同的镜像神经元系统。也就是说,当我们执行某个行为或是看到他人执行相同的行为时,大脑中被激活的神经网络是相同的;当我们身体的某个位置被触碰或是看到他人同样的部位被触碰时也是如此。镜像神经元系统不仅在人们执行物理行为时会被激活,在观察处于特定情绪状态的对象时也会被激活。当我们看到别人不开心时被激活的神经元,与我们自己不开心时被激活的神经元是相同的(Gallese m.fl. 2007)。

为了说明镜像神经元在哪些位置上是可识别的,我们需要对大脑皮质有一个基础认识。大脑皮质被分成四个区域(又称板块),每个脑叶都分布在左右两个半脑上。前面的位置是**额叶皮质**(frontal cortex,也称额叶或前额叶),后面是**枕叶皮质**(occipital cortex,也称枕叶或颈叶)。在颞区中存在**颞叶皮质**(temporal cortex,也称颞或颞叶),**顶叶皮质**(parietal cortex,也称顶叶或冰叶)则位于颞叶皮质上方。如果我们从大脑外部的左前方观察大脑结构,这四个皮质区域将如下图所示:

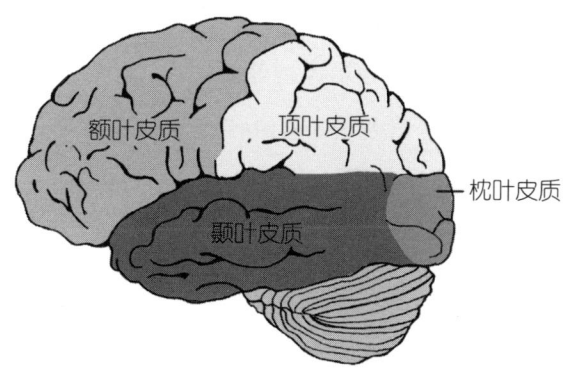

图3.1 大脑的四个皮质

大量的脑部扫描研究显示，在大脑的**前额叶皮质**（prefrontal cortex，指额叶皮质的前面部分）和顶叶皮质中都发现了镜像神经元的存在。顶叶皮质与人体的触觉有关。例如，研究发现，当人们的腿被触摸或是看见其他人的腿被触摸时，顶叶皮质中的**躯体感觉皮质**将被激活（Keysers m.fl. 2004）。由此我们可以看出，前额叶皮质与动作的选择以及目标的维持有关。因此，与该区域相关的是更复杂的行为认知功能（Ward 2010）。另外，在大脑皮质的**岛叶**（insula）中也发现了镜像神经元的活动。岛叶位于颞叶皮质的后部，或者说，在前额、顶叶以及颞叶皮质之间的边界的正后方。岛叶结构的前端会被负面体验激活，比如不适和疼痛（Hart 2008）。与其相对应的，我们发现，当人们产生厌恶的情绪或看到他人做出被识别为厌恶的表情时，岛叶的这部分都会被激活（Ward 2010）。

镜像神经元系统被认为为我们和他人提供了必需的物理联系，它让我们能够迅速地理解他人。这个神经元系统是"自动生效"的，也就是说，镜像神经元的激活是在意识之外的，这让我们时刻为理解行为做好了准备（Gallese m.fl.）。

镜像神经元系统也可以用来解释心理学家沙特朗（Chartrand）和巴奇（Bargh）所描述的人际行为，即"**变色龙效应**"（Chartrand & Bargh 1999）。"变色龙效应"是指**模仿对话**或**镜像反射**彼此的肢体行为。例如，当一方讲话时用手扶着脸颊，另一方通常也会做出类似的动作。如果一方跷起二郎腿，那么另一方也会反射出这个肢体变化。镜像行为的研究在语言学领域，尤其是在音韵学上的表现特别突出。音韵学方面的例子显示，人们在日常会话中如何**适应**或**融入**彼此的言语行为，比如贝布尔（Babel）证明了对话双方的镜像反应，尤其是在声音韵律上（Babel 2009）。很多人可能都知道，从一个地区迁移到另一个地区的人，说话方式通常会有所改变。当与家乡的家人或朋友说话时，他们会使用自己过去常用的、父母和朋友现在还在用的方言或当地的语言，但这也仅限于当前的对话。

　　心理学和语言学都关注的一个重点是，在多大程度上人际镜像反应是自动发生的，而又有多大的可能性与社会因素有关（例如 Trudgill 2008; Gallois m.fl. 2005; Babel 2009）。多项研究表明，人际镜像反应——包括肢体行为和言语变化——在很大程度上是无意识的，但它们具有实实在在的社会意义。例如，镜像反应的程度被认为与人们对彼此的看法有关：互动中的人们产生越多的镜像反应，在随后的调查中对对方的印象就越好，虽然他们似乎并没有意识到镜像反应的发生（Chartrand & Bargh 1999）。社会语言学家特鲁吉尔（Trudgill）提出了一个颇具争议的观点，即镜像反应是"默认"的——它总是自动发生（Trudgill 2008; 又见 Dijksterhuis m.fl. 2007）。然而，这个论点被打上了一个问号。因为研究显示，人们在不同程度上相互反射，有的反射得很少，有的则很多。这个论点还受到了关注关系情境与反射之间联系的研究的质疑（见 Babel 2009）。

心智化理论家的思想在很大程度上保留了特鲁吉尔（Trudgill）的主张，同时也考虑到它的反对意见。理论家们强调，通过镜像神经元系统，我们可以从内在来了解他人的感受。它仿佛是一张"即时通行证"，给了我们理解他人的可能。这个系统始终在自动工作，因此人们能够在会面时无限地进行反射和模仿。然而，这种不受阻碍的模仿可能会让我们难以区分自己与他人；即，这种身体的——或**化身**的——感受是源于自身还是对他人体验的模仿。

但正是在这里，我们需要引入第二个在自我和他人心智化活动中被激活的神经系统。这可以解释为什么我们不会一直采取与他人相同的行为，以及为什么不会持续地被他人的情绪感染。另外，它还可以解释我们如何在自我及他人的体验之间保持差异。在这一点上，前额叶皮质的结构再次显得尤为重要。研究者苏珊·哈特（Susan Hart）在她的论文"依恋关系的意义——对神经情感发展心理学的探究"中描述了前额叶皮质复杂的组织构造，以及大脑的这一部分对人类的反思能力以及控制情绪和冲动的能力有多重要（Hart 2008）。更具体地说，根据心智化理论家的观点，神经系统的**内侧前额叶皮质**（medial prefrontal cortex, mPFC）积极地参与了人们对自身与他人行为的区分。该皮质被认为是在学习和预测行为后果方面都很活跃的一个区域（Alexander & Brown 2011）。此外，内侧前额叶皮质似乎对决策和记忆也很重要：该区域的功能是学习如何将不同的反应与不同的场景相连接。也就是说，预测出针对特定事件的最有效的反应或行动（Euston m.fl. 2012）。从图3.2（左侧观察到的大脑中段）我们可以看到，内侧前额叶皮质处在这样一个位置：

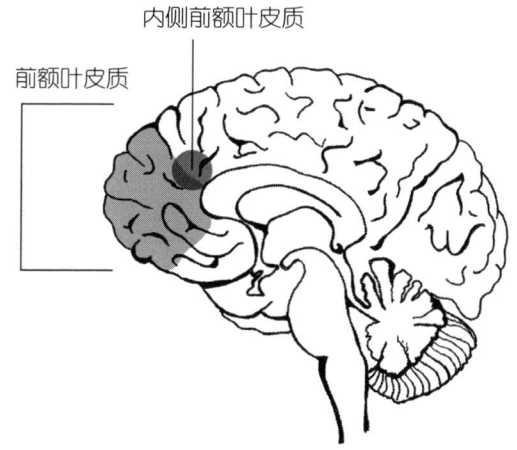

图3.2　内侧前额叶皮质

而另一个与神经系统相关的能够帮助我们区分自己和他人体验的区域，则是弯曲在额叶皮质下方的**前扣带回**（anterior cingulate cortex, ACC），见图3.3（从左侧看到的大脑中段）。前扣带回具有以下这些功能：监控冲突；解决和处理冲突信息，

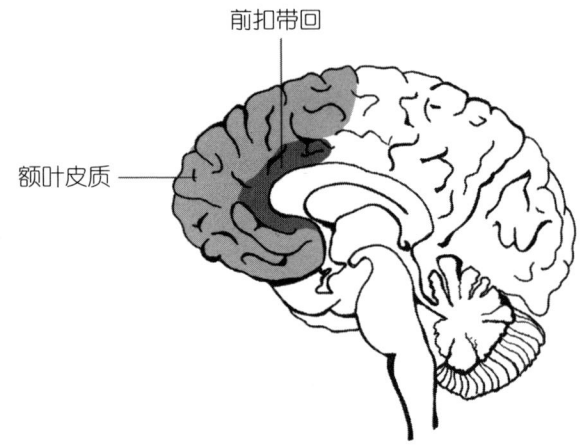

图3.3 前扣带回

包括调节与情境相关的欲望和情绪（Botvinick m.fl. 1999）。

根据心智化理论，内侧前额叶皮质和前扣带回抑制了我们对对方行为的即时模仿，同时也抑制了对方的情绪对我们的感染。我们能够将情感体验与情境相关联，并且在记忆的支持下，预测出哪些行为是适当并符合预期的。当我们在理解他人及其心理状态时，上述两个神经系统之间似乎存在一种相互作用，即，即时体验与反思关系之间的相互作用。这两个系统的相互作用对于我们保持与他人区分的感觉至关重要。

大多数人都知道，在人际交往中有时会受到对方的情绪感染。例如一些父母可能会意识到，当孩子含泪告诉他们，在学校里没有人与自己一起玩耍时，他们的情绪受到了感染；孩子的悲伤几乎变成了父母的。在这种情况下,镜像系统发挥了最大作用,父母的内侧前额叶皮质与前扣带回在极大程度上失去了激活的能力,使得他们在情绪上很难将自己与孩子隔离开,但这种隔离恰恰是给孩子提供帮助的有效前提:父母的反思性思维受到了阻碍,他们无法理解孩子的观点、体验和理由,并提出对孩子来说最佳的解决办法。反之,我们也可以想象,在镜像神经元的局部活动被抑制的情况下,我们很难与他人建立即时的情感联系,也无法了解对方的处境、想法和感受。

内隐与外显的心智化

特征

第二个维度与心智化的进行方式相关,研究者们假定心智化分为外显和内隐两种。外显心智化是有意识的、反思性的,并且常常是口头表达的过程,需要注意和认知的共同努力。因此,当我们在反思自己和他人的心理活动时,就是外显的心智化。例如,一位领导询问他的员工是否今天心情不好,因为领导认为这位员工的行为表达了这种信号。外显心智化还会出现在我们感知自己的心理活动的时候。例如,当我们尝试理解为何自己会突然生气地拒绝来自同事的问题时。

内隐心智化通常是无意识的、自动发生的,并且是非言语的过程。在心智化理论中，内隐心智化的例子通常出现在谈话中，即，我们知道什么时候轮到我们发言，也知道对方什么时候要结束讲话（Choi-Kain & Gunderson 2008: 2）。对他人的行为进行镜像反应也是内隐心智化的一个例子（Allen 2009; Fonagy & Luyten 2009）。最后，当一个朋友谈论起他孩子的可怕遭遇时，我们——不假思索地——面带忧虑地点头同情，这也是内隐心智化的体现（Allen m.fl. 2003）。尽管有这些例子，但要澄清内隐心智化的含义依然很困难。更困难的是想象内隐的自我心智化是在何时进行的。一般来说，当我们提到内隐心智化的时候，通常是指内隐的他人心智化。那么，我们在什么时候能够不加反思地、自动地、无意识地对自我进行心智化呢？心智化的文献中并没有相关的建议，但是挪威的精神病学家斯卡德鲁德（Skårderud）和卡特鲁德（Karterud）指出了这类型心智化活动的重要性。不是通过何种形式表现出来——究其本质，它或许并没有任何可见的形式——而是它能带来什么贡献。他们写道，这种心智化的方式为丹尼尔·斯特恩（Daniel Stern）提出的**自我感**（a sense of self）做了很好的铺垫（Skårderud & Karterud 2007）。斯特恩是一名婴儿问题的研究者，他的研究主要基于对婴儿及其照顾者关系的微观调控的分析。他认为，照顾者与婴儿的互动对于婴儿的发展至关重要。孩子通过与他人的互动进行学习，这些经验相互联系，建构了孩子的心理组织。这些组织创造了孩子的自我感。在孩子的成长过程中，早期组织的影响并不会消失，但新的组织会不断出现并创造新的自我感（Hart 2008: 28）。因此，正如心智化理论家所说，内隐的自我心智化有助于人们在持续发展中保持自我感。

神经基础

从神经生物学的角度来看，内隐和外显的心智化所涉及的大脑区域是不相同的。内隐心智化与大脑**边缘系统**中的**杏仁核**有关。边缘系统被认为是在进化史上人类大脑最原始的组成部分，对我们记录情绪的能力至关重要。

> 因为边缘系统距离大脑很近，所以你的情绪在很大程度上与你的思想、感知和生活方式有关。如果缺少了这个边缘系统，你也许能哭泣或是大笑，但这些情绪会缺少感知的基础。（Wive 2006: 16）

边缘系统由神经细胞连接而成的结构组成，包括位于大脑半球颞叶皮质间隙顶端的杏仁核（图3.4——从左侧看到的大脑中段）。

杏仁核的特别之处在于，它与个体对恐惧的识别有关。但是整体来说，杏仁核的重要功能体现在人们对一般情绪的处理

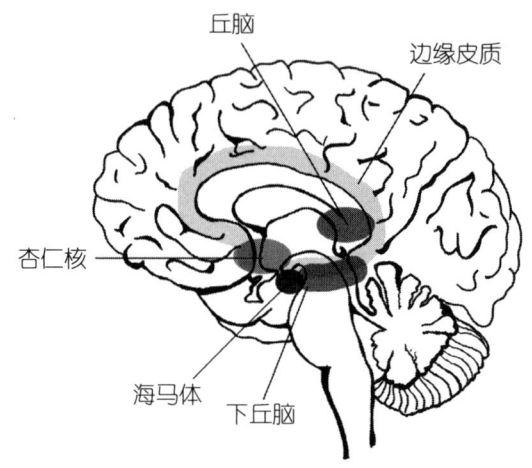

图3.4 边缘系统

上。因此,杏仁核受损的人很难辨别情绪表现(Ward 2010)。此外,杏仁核还被认为对社交信号高度敏感,如面部表情、凝视以及肢体动作等。很显然,杏仁核对于处理从视觉范围内传输来的信息尤为重要(Adolphs m.fl. 2005)。

在福纳吉和卢伊藤对心智化的四个维度的具体说明中,并未提及内隐心智化与镜像神经元系统有关(Fonagy & Luyten 2009; Fonagy m.fl. 2012)。但是,其他研究表明,镜像神经元系统显然已经被视为内隐心智化的必要条件。因此,福纳吉认为镜像神经元系统"……使个体能够更直接地理解他人"(Fonagy 2009: 234)。这个解读也被认为是内隐心智化的一个特点。

在外显心智化方面,前面所提到的内侧前额叶皮质则是活动的反应中心。研究表明,个体对思想和情感的关注都会导致这一区域的激活(Frith & Frith 2003)。在对情绪进行命名时,内侧前额叶皮质的活动也呈上升趋势,而杏仁核的活动则在相应地减少(Allen m.fl. 2010: 155)。对心理状态有意识的关注,即外显心智化,在很大程度上基于内侧前额叶皮质的活动,在自我和他人心智化的过程中,这一区域也参与了对持续产生的镜像反应的抑制。

在人们的情绪被"唤醒"时,外显心智化会消失。显而易见地,与内隐心智化相比,情绪压力会更快地影响到与外显心智化相关的神经系统及区域。福纳吉和卢伊藤评论道,不幸的是,很多心理治疗师会一边讨论容易影响患者情绪的主题,一边试图让患者保持对主题的反思性理解。但这种保持其实是有难度的,因为恰好在这个时候,病人的外显心智化能力正处于下降的过程当中(Fonagy & Luyten 2009)。在心理治疗之外也可能会发生类似的状况,所以能够进行反思性心智化的最好的条件是,我们所处的环境不会带来压力和焦虑。但通常恰恰是在压力和焦虑的情况下,我们需要充分地用到心智化这项能力。例如,当医生要把一个不好的诊断结果传达给患者时,自己的情绪也很有可能会被唤醒。这样,医生就很难站在病人的角度并根据他们的精神状态去理解他们的反应。再比如说,当教师在课堂中被学生挑衅而产生了沮丧和愤怒的情绪时,理解学生行为的能力就会相对地降低。结果可能是学生被呵斥之后离开教室——而这种行为很可能让学生在下一次与教师或其他学生会面时表现得更具挑衅性，因为学生感觉自己没有被看见和理解。

外显心智化有时候是很重要的，但这并不意味着它总是必需的。内隐心智化通常足以使对话正常地、没有困难地进行。只有当我们在对话中遇到问题时——在最普遍的意义上理解彼此的问题，则需要外显心智化的"介入"（Fonagy m.fl. 2012）。与此相对地，如果过多地进行外显心智化，也可能会阻碍互动的流畅性。若是在反思心智化方面过于努力，会使我们无法对自己和他人所处的位置进行直接感知——我们可能会因为过度的心智化努力而失去内隐心智化的能力。理想的心智化状态是在外显与内隐之间取得平衡。在很多时候，人与人最初的接触主要是基于内隐的心智化活动（Allen m.fl. 2013: 2）。但如果在交谈的过程中，对方突然表现出与我们的预期不同的行为（也许是无意识地），那么在不失去直观性（内隐心智化）的情况下，外显心智化的适当激活将是一个优势。理想状态下，人们应当能够灵活地使用外显和内隐这两种形式的心智化。

情感与认知的心智化

特征

乔伊-卡因（Choi-Kain）和冈德森（Gunderson）写道，心智化活动可以是"……在不同程度上关注认知与情感"（Choi-Kain & Gunderson 2008: 1128）。这个维度对心智化的过程进行了区分，即它所涉及的主要是认知过程还是情感过程。

在最近的关于这个维度的报告中，根据心智化在认知与情感方面的区别，研究者引入了两种不同的处理系统（Fonagy m.fl. 2012; Fonagy & Luyten 2009）。这两个系统并不是由心智化理论家制定的，而是由对社会认知感兴趣的其他研究者发现并确定的。这些研究者热衷于探索人类理解彼此以及彼此的行为并进而参与社交活动的能力（Baron-Cohen m.fl. 2008）。这两个系统，一个是**关于心理活动的系统**，而另一个则被称为**共情系统**。前者负责处理例如"我想，是约翰尼拿走了蛋糕"之类的表述，而后者处理例如"我很抱歉，因为我说的话让您感觉到了不适"等表述。这两个表述之间的区别是，后面的表述是情感性的，即说话人将自身的情感带入了表述内容里。

神经基础

从神经生物学来看，认知心智化和关于心理活动的系统，都与前额叶皮质中的多个区域相关，而情感心智化和共情系统则依赖于镜像神经元系统（Fonagy & Luyten 2009; Fonagy m.fl. 2012）。

在共情系统中，只有当对方的情绪与进行心智化的一方感受到的情绪相一致时，表征才会被创造出来。而例如"你难过了，我会很高兴"之类的体验，则不会被共情系统激活——至少在没有精神病诊断的人当中不会。共情系统中的这种区分与它基于的神经过程的特征是一致的。镜像神经元被认为会让观察者产生与被观察者相同的体验——镜像神经元的激活被认为能够引发完全相同的情绪体验。

共情系统也被认为涉及大脑前额叶中的一个区域的激活——前额叶**脑回**（gyrus）的下部（脑回指的是大脑表面弯曲凸起的部分）。这个区域的激活还与对情绪表达刺激（例如，面部表情）的自动情绪反应有关。然而，在对他人的情绪状况进行有意识的情绪控制反应时，该区域也会被激活。也就是说，这个区域的激活更多与对他人情绪反应的认知或反思加工有关。因此，该区域可以被看作一个处理中心——在这里，情绪因素会得到评估。当我们需要理解这两个系统的表征是如何整合的,即我们如何同时进行认知和情感的心智化时,这个区域起着核心的作用。

因此,情感性心智化的前提是两个系统的相互作用,即认知与情感心智化同时发生。如果认知心智化水平下降而情感心智化占据了主导地位,则意味着人们无法将自己的情感体验与认知相结合。而当情感体验与认知加工无法保持一致时,人们只能依赖个人情感得出结论,例如"我很难过,所以你一定伤害了我"。当情感心智化占据主导地位时,人们便有可能倾向于将自身的情绪扩散到他人的身上——个人的情绪体验会被假定也是他人的,因为此时的认知平衡没有发生。

与之相反,若假设所有的体验都存在一个情感核心,当认知心智化成为主导时,人们就会失去与体验的情感核心的联系。这可能引发上文在外显心智化的部分提到的过度心智化——也类似第2章讨论过的过度活跃的伪心智化。

总体而言,上面的论述表达了这样一个中心点:在心智化理论中,情绪的因素尤为重要。艾伦写道,最有意义的心智化是饱含情绪的,也就是说,心智化是情绪知识的一种表现(Allen 2009: 23)。心智化理论家们似乎是受到了神经心理学家安东尼奥·达马西奥(Antonio Damasio)的启发,他提出我们倾向于将人的理性与情感条件分离(即认知与情绪分离)。达马西奥延续并发展了他的这一假设并称之为**躯体标记假说**

(the somatic marker hypothesis)。这个假设同时还涉及决策时情绪是如何发挥重要作用的；理性决策则受到与情绪体验相关的身体信号的影响（Bechara & Damasio 2005）。这一点具体是指，我们在做决策的时候，是被一种基于情感的直觉所控制的："……理性被身体信号塑造并修改……"（Fonagy m.fl. 2007: 82）。

达马西奥将情绪理解为身体状态的反应或变化。这些反应是对我们感知到的事物进行响应的大脑系统所触发的：例如，突然出现的或是被记住了的事物（Bechara & Damasio 2005: 339）。情绪有助于控制人类与生存相关的行为，使其向恰当的方向发展。达马西奥对其中的六种初级情绪进行了区分，它们分别是：快乐、悲伤、恐惧、愤怒、惊讶和厌恶。在这六种情绪之外，他还指出了许多次级情绪（包括嫉妒、内疚、骄傲和羞耻）。初级与次级情绪之间的区别在于，初级情绪起源于某些先天系统，而次级情绪则是后天习得的，但与初级情绪密切相关。心智化理论并不否定初级情绪的存在，同时也不否定它们具有**个性化的内容**，即这些情绪能够帮助预测行为的发生。但是，正如第4章中将阐明的那样，初级情绪及其中个性化的内容并不是与生俱来的：

> 根据我们目前所提出的理论，最初，孩子通过观

察他人的情绪表达并将它们与伴随发生的状况和行为结果联系在一起，来了解这些情绪的个性化内容。（Fonagy m.fl. 2007: 151）

从发展的角度来看，心智化理论家关注的是，情绪如何通过与周围环境的交互而构成孩子心理世界的一个组成部分。无论是情绪参与的方式，还是它们一开始是否可以被婴儿识别，围绕在其中的基本思想为：理想的心智化过程中始终包含着情绪的因素。

内部与外部的心智化

特征

心智化的第四个维度，是关于心智化所关注的是内部特征还是外部信号。因此，这个维度描述了我们是直接关注自己或他人的想法与感受，还是聚焦在外部行为——通过这个外部行为进入自己或他人的心理状态中。我们注意到谈话对方不断地用手拨弄头发的行为，从而揣摩这个信号是否代表了她的紧张，这便是一个将焦点放在外部信号的心智化的例子。与之相反，当同一个人在进行叙述时，排除外在的身体特征信号，我们也能够通过她的表现推理出，她的叙述与对老板的愤怒有关。这个内部与外部的区别同时也适用于自我心智化。也就是说，我们可以专注于"我们看起来是悲伤的"并在此基础上得出"我们应该是伤心了"的结论。自我心智化也可以只关注与外部表达无关的想法与感受。

神经基础

当我们进行内部与外部心智化时，不同的神经网络会被激活，这一点与心智化其他维度之间的区别一样。在论述与内部和外部心智化分别相关的两个神经网络时，福纳吉和他的同事受到了萨特普特和利伯曼（Satpute & Lieberman 2006）的研究及论点的启发。他们提出了大脑两个区域之间的差别：一个区域涉及个体对所观察的行为的后果进行解读的过程（x系统），而另一个区域涉及对情境约束和先前经验的考虑，从而改变了仅根据行为观察做出的推论（c系统）。从中我们能够发现，x系统关注外部条件，而c系统基于内部条件做出权衡。x系统涉及杏仁核和前扣带回的后部，而我们前面提到的内侧前额叶皮质则主要处理与c系统相关的任务。因此，c系统，即内部心智化，被认为基于内侧前额叶皮质的更多的执行功能模式；而x系统，即外部心智化，通过杏仁核实现，与大脑对外部刺激信号的处理有关。

上述神经网络与内隐和外显心智化涉及的神经网络在很

大程度上是相通的。这意味着，若是在外显心智化方面出现了问题，也可能会导致内部心智化的问题；而内隐心智化的问题也会引起依赖于外部条件的心智化的问题。

同样地，对于这一维度而言，理想的心智化需要平衡该维度的两个极点。在这个情况下，心智化应当同时基于内部和外部条件而产生。也就是说，当基于内在心理状况的心智化能力很弱的时候，外在条件将会被不适当地放大，从而心智化活动便容易被人们误解。在这种情况下，平衡的关系是一个破裂的状态。例如，一个正在与我们交谈的人眼神上扬并望向其他的地方，这个行为可能会被解读为对方无法忍受我们。在这个情况下，我们的心智化活动不足以涉及内部关系，否则我们可以对对方的视线活动进行更加深刻的解读。

在接下来的第4章中我将会解释，为何一些人会在涉及内在关系的心智化中遇到系统性的问题，即人的心理自我是如何发展的，或者换句话说，个体进行心理活动的能力（Fonagy m.fl. 2007: 15）。通过照顾者对孩子情绪状态的偶然或必然的反应，孩子形成了对这些状态的次级或象征性的表征。对内在的关注可以理解为对外在表征的关注。如果孩子没有得到合适的反应，也没有建立这种对情绪体验的表征，那么他将无法对自己与他人的内在状态进行心智化。

反之，内部与外部的平衡状态也可能被打破，导致我们很难根据外部信号来进行心智化——心智化有时会与我们自己或他人所释放出的身体信号分离开。有研究表明，一些父母不擅长对幼小的婴儿进行心智化活动，但当婴儿成长为儿童时，父母更容易对其进行心智化。其论据之一是，这类父母在与婴儿有关的心智化上存在困难，是因为他们难以基于外部刺激进行心智化——对婴儿的心智化在很大程度上被认为是基于孩子表情中包含的非语言的外部刺激。因此，这类父母所表现出来的模式能够被解释为，在进行心智化时，缺乏对内外部条件的平衡能力（Slade m.fl. 2005）。除此之外，我们还可以想象平衡没有处于最佳状态的其他情境。例如，人们有可能会担心亲密关系中的对方不再爱自己了：这个想法长期地伴随着我们，并且我们对男/女朋友表达了这个担忧。对方在听到我们的叙述之后，可能会通过口头表达或是肢体语言来反对这个观点。然而，个体有时可能无法将对方的身体信号包含在心智化的过程当中，例如，男/女朋友仅通过哭泣而非语言的形式来表达。

以上这些表明，与心智化不同维度内的极点相关的神经系统和结构会出现重叠的情况。这一情况可能有助于解释某些精神障碍的核心系统，以及因此带来的四个维度内部的失衡。类似的重叠也很可能出现在没有达到最佳条件时产生的局部心智化缺陷中。心智化的维度可能并不像看起来那样完全独立，这也反映出人类对于各维度的相互作用的认识仍然不足。

但是，对于维度进行区分仍是至关重要的，因为这有助于具体化，并尝试说明在人与人的沟通当中，心智化在哪里发挥作用或者遇到困难。

第 4 章

发展心理学视角的心智化

鲍尔比关于依恋的假设

鲍尔比（John Bowlby，1907—1990）的依恋理论是心智化理论的根源之一。鲍尔比认为，依恋关系对于幼儿的心智化能力以及相关的其他心理功能的发展至关重要。接下来，我将简要介绍鲍尔比在依恋关系方面的基本思想。

根据鲍尔比的理论，依恋行为被定义为一种与照顾者之间创造亲密关系的行为，例如，儿童的哭泣是为了确认他与照顾者之间的亲密联系（Bretherton 1995: 63）。当儿童需要安全感时，这种依恋行为就会被激活。鲍尔比认为，在儿童早期这种依恋行为表现得尤为明显。与此同时，他也指出，这样的依恋行为也贯穿了人们的一生。也就是说，当爱的需求在成年人身上出现的时候，依恋行为也同样会被激活（Bowlby 1977）。在婴儿出生之后至3岁期间，依恋行为是很容易被激活的。而在3岁之后——在非病理性的情况下——依恋行为的激活则无法像在3岁之前一样容易。这是因为依恋行为会随着儿童的成熟而发展变化，它在成人身上的表现形式与儿童是不同的。但抛开年龄的因素，依恋行为的具体目的是一样的：即前面提到过的与照顾者创造亲密的联系。鲍尔比强调，依恋行为并不是病理性的（Bowlby 1977: 204）。

鲍尔比认为，"……在进化的过程当中发展出的行为系统，其目标是为了保障能够增加人类生存可能性的功能，并且有相应的行为为系统服务。这些行为的激活与中断是在某些条件下发生的"（Bernth 2003: 498）。依恋系统就被认为是这样一个系统，"……（在这个系统当中）行为的可预见性是为了确保依恋者与被依恋者之间的距离在一个可控的范围内（关键并非距离本身，而是可接近性）"（Bernth 2003: 498）。因此，孩子被认为天生就有一种获得依恋的能力，而这种与生俱来的能力能够确保在依恋系统中"得到保护"这一整体目标的实现。与这一系统相关的行为，即依恋行为，带来的可预见的结果就是前面提到的亲密联系。

当母亲或是照顾者在场，或是孩子知道她在场，并且她已经准备好与孩子进行良好的互动时，她就能够给孩子提供一个安全的心理基地，让孩子去探索未知世界（Bowlby 1977）。

这时孩子的探索系统会被激活，而依恋系统则暂时失效。伯恩斯（Bernth 2003）引用了安斯沃斯（Ainsworth）的研究（我将在后文详述）来区分照顾者（即被依恋者）作为安全基地或是**安全港**时候的差异：凭借着对于安全感的体验，孩子有勇气离开安全基地去探索世界。当在探索过程中感到焦虑或恐惧时，他可以返回安全港，通过亲密联系缓解警报状态。当警报结束时，照顾者将再次成为一个安全基地，孩子便可以再次离开去进行未知的探索。也就是说，依恋行为与探索行为是可以交替出现的（Bowlby 1977）。

在描述孩子的内心世界时，鲍尔比认为，孩子形成了某些**内在工作模式**，反映了世界的运转方式以及孩子如何成为这个世界的一部分。同时，这些工作模式也与人际关系以及个体的心理特点息息相关。这些内在工作模式的形成，对于孩子如何对事物进行反应有着决定性的影响。孩子通过互动——尤其是在依恋关系中进行的互动——形成了这种工作模式。因此，照顾者的角色对孩子如何理解世界以及自身在这个世界的位置至关重要。尤其是照顾者对于孩子发送的信号的敏感程度，以及他们是否理解孩子的安全需求和探索世界的需求，决定了孩子所建立的内在工作模式是否有效且健康。

鲍尔比是一位精神分析学家，但是由于部分饱受争议的观点并未得到精神分析学界的认可。鲍尔比的依恋理论在很大程度上着眼于内在世界如何被周围环境所影响：与弗洛伊德的精神分析相比，鲍尔比对于人类的精神生活及其发展的理解更多基于**人际**而非**内在**关系。也就是说，孩子身边的照顾者对于孩子的发展有着全面的影响作用。例如，鲍尔比写道：

> 她（孩子的母亲）在空间与时间上对他（即孩子）进行引导，构成孩子成长的环境，允许一些冲动的满足，并对另一些进行限制。她即是孩子的自我与超我……自我与超我的发展与孩子的主要人际关系密不可分。（Bowlby 1951: 53）

在这里鲍尔比保留了**自我**与**超我**的概念，这两个概念被大多数人视作精神分析理论的核心概念，但是鲍尔比将它们放在理解的关系框架内进行解读，认为它们随着照顾者的不同而不同。

然而，对于各种形式的精神分析而言，理解的关系框架都不是一个陌生的概念。尽管它们在很多方面都与弗洛伊德的基本观点有所不同，比如儿科医生D. W. 温尼科特（Donald W. Winnicott）的观点，他在精神分析的框架内被归类为客体关系理论家。在他的客体关系理论中，儿童的人格形成与人格结构被视为与一个因素息息相关：即在儿童的自我之外建立起一种与人或与客体之间的关系，并将这种客体关系内化。这一点与弗洛伊德所创立的与欲望相关的理论不同。弗洛伊德认为，人类的驱动力源于性冲动和破坏冲动。而客体关系理论则认为，人类的行为受到内化的客体关系的影响。我在随后的章节中也会提到，福纳吉不仅受到了鲍尔比理论的启发，同时还受到了温尼科特的影响。如哈特和施瓦茨（Hart & Schwartz 2008）所描述的那样，鲍尔比与温尼科特的客体关系理论的不同之处在于，鲍尔比特别关注关系形成中的情绪条件。哈特和施瓦茨解释道，"（在）依恋理论中，主要的照顾者并没有被视作一个客体，而被认为是一个实际存在的安全因素，通过动态的交互提供一种安全感……"（Hart & Schwartz 2008: 16）。此外他们还提到，温尼科特的关注点主要是儿童的发展过程，而鲍尔比则更局限于依恋系统，"……即背后的动机和亲密情绪关系的发展……"（出处同上）。韦弗（Væver）等人（2010）写道，鲍尔比最初是一个客体关系理论家，"……但鲍尔比的这个理论框架过于关注想象力，而较少关注孩子实际和真实的经历……"（Væver m.fl. 2010: 739）。

关于依恋模式的描述——儿童方面

鲍尔比假设，大多数1岁左右的孩子已经发展出一些有组织的依恋模式——足以让研究者们进行系统性研究。鲍尔比还坚持以实证来证明理论的重要性，因此他与玛丽·安斯沃斯（Mary Ainsworth）合作并设计了所谓的**陌生情境**（strange situation）实验（Ainsworth m.fl. 1978）。这个实验被认为能够系统地测量儿童有组织的依恋模式的差异。迄今为止，陌生情境实验仍然出现在实验室研究中，例如哥本哈根大学的婴儿实验室——该实验室主要研究孩子及其父母的认知及社会情绪的发展过程。

安斯沃斯和贝尔（Bell 1970）描述了陌生情境实验的目的：

> 我们希望观察到的是，孩子在多大程度上能够将母亲当作安全基地，并在此基础上去探索陌生的环境。由于母亲的存在，孩子对未知的恐惧得以缓解。除此之外，该实验还旨在观察，当陌生人进入并引发警报状态时，以及孩子与母亲分离并团聚时，依恋行为能够在多大程度上代替探索行为。（Ainsworth & Bell 1970: 53）

实验的具体过程是：首先，1岁左右的孩子和其母亲进入房间，房间内配有与孩子年龄相符的玩具。在接下来的20分钟内将会上演一出"迷你戏剧"——母亲会短暂地离开房间然后返回，而孩子在房间内经历这个过程。与此同时，孩子还将遇到陌生人进入房间的状况。安斯沃斯研究了在各个场景下孩子的行为表现，如：母亲在场时、离开房间时、回到房间时以及陌生人在房间里时。

安斯沃斯发现，总的来说，孩子的行为可以被分为三种类型，每种类型又包括一些子类型。她将大多数孩子的反应定义为**安全型**。当母亲在场的时候，这些孩子依托着母亲的安全基地去探索外面的世界，在这期间定期对母亲进行目光关注。但是在母亲离开的时候，他们对空间和玩具的探索开始变得有限。当母亲不在房间里的时候，这一组的孩子在不同程度上表现出了绝望的情绪，但所有的孩子都对母亲的归返表现得兴高采烈。这时候，他们需要从母亲那里获得不同程度的安慰和亲密感，但在与母亲团圆之后，他们都能够继续探索与玩耍。

而另一种反应被安斯沃斯定义为**回避型**。这个类型的孩子在探索外界的过程中并不关注母亲的状态，当母亲离开房间时，孩子受到的影响也很小。而当母亲回到房间时，孩子的反应也十分有限，并且有忽视母亲的倾向。

安斯沃斯将第三种行为模式描述为**矛盾型**。有这种特点的孩子不愿意与母亲分开，对外界的探索也很少。因此，当母亲离开房间时，他们变得非常绝望，但是母亲的返回并不能成功地安慰到这些孩子。

这三种行为描述了孩子与照顾者之间的三种依恋模式和质量。戈德堡（Goldberg 1995）指出，安斯沃斯的研究中最有趣的地方在于，依恋关系的质量在母亲重返房间时体现得最为明显——而不是孩子与母亲分开的时候。实际上，即便考虑到每个种类的子类型，尽管孩子被分入了不同的种类中，他们与母亲分离时的行为也存在着相似之处。例如，安全型和矛盾型依恋的孩子与母亲分离时都会表现出极大的绝望——只有在重逢时，依恋模式才真正显示出来。戈德堡还提到了另外一个在安斯沃斯的开创性研究中没有被特别关注的方面，即儿童在陌生情境中表现出来的行为，正是他们出生第一年在家里所经历的"照顾"类型的一种体现（Goldberg 1995）。因此，孩子在陌生情境中的行为并不仅仅是一个随机的实验室发现，而更是一种源于日常生活的反应。

随着时间的推移，后续对依恋关系的研究表明，安斯沃斯定义的三种类型并不能涵盖所有的行为，尤其是当人们开始关注那些父母有精神疾病诊断的儿童时。第四个类型是由玛丽·梅因（Mary Main）等学者提出的，我将在接下来的章节中提及。第四类被称作**混乱型**或**无定向型**，与前三类不同，这个类别的孩子的行为被认为是无组织性的。在这个类别当中，孩子对照顾者的行为反应并没有稳定的策略，在很大程度上，只有当孩子对照顾者感到害怕或困惑时，他们的行为才有意义。

关于依恋模式的描述——成人方面

在鲍尔比看来，依恋关系不仅与儿童有关，也与成人有关。因此，他认为有必要开发一种能够测量成人依恋模式的方法。这种方法能够揭示**代际传递**的依恋状况：即依恋模式是否从上一代传递到了下一代身上，比如，安全型依恋的父母是否就拥有安全型依恋的孩子。这一点正是玛丽·梅因所关注的（Main 1991）。对于父母的依恋经验是否与孩子的依恋组织或模式有关，梅因表现出了强烈的研究兴趣。因此，她开发了"**成人依恋访谈（the Adult Attachment Interview, AAI）**"，旨在让父母描述他们早期的依恋经验。梅因构建了包含一系列问题的访谈指南，主要是为了揭示受访者对依恋经验进行完整叙述的能力，以及反思依恋行为的表现和它们如何影响自己当前工作方式的能力（在本书第6章中我将举例说明访谈指南中的一些问题）。除此之外，梅因还重点关注事件的讲述方式、上下文的衔接以及叙述结构上。

在对访谈进行编码的过程中，研究者识别出四种不同的依恋状态，正好分别对应于儿童依恋模式中描述的四个类型。

第一类被描述为**独立型**，这类成年人的叙述显示，他们非常重视亲密关系，并认为亲密关系影响着自己的生活。他们通常能够提供连贯的叙述，并且有能力对自己及照顾者的行为进行反思。第二类被描述为**冷漠型**，这类人理想化了与父母之间的关系，在叙述中也无法对细节进行描述。第三类被称作**过度卷入型**，这个类型的成年人无法在叙述中反思自己和他人的行为。相反，他们的故事通常充满了与父母争吵的细节。最后一类是**未解决型**，其特征是叙述中充斥着无组织的想法，使用具有创伤特点的陈述，并且这些陈述揭示了他们看待创伤的方式，一如创伤发生之后的即时反应。

此后的许多研究表明，代际传递的假设是正确的，即父母与孩子的依恋模式之间存在着延续性。福纳吉和他的同事们在一项名为"伦敦亲子项目（the London Parent-Child Project）"的研究课题中也证实了这种代际传递。在这个项目中，他们采用梅因的成人依恋访谈，考察了100名孕妇以及她们丈夫的依恋模式。出生12个月后，孩子们和母亲参加了陌生情境实验。再6个月后，孩子们又和父亲参加了该实验。分析结果表明，母亲在访谈中表现出的依恋模式与孩子在陌生情境实验中表现出的依恋模式之间有着密切的相关。因此，独立型的母亲通常会有安全依恋的孩子；冷漠型的母亲则会有回避型的孩子；过度卷入型的母亲会有矛盾型的孩子；而未解决型的母亲，她们的孩子通常是混乱型的。此外，父亲与孩子的依恋模式之间存在尚不明确但具有统计学意义的相关（Fonagy m.fl. 1995）。

第4章　发展心理学视角的心智化

　　这些研究说明了一些值得深思的观点，即，父母对自己童年依恋经历的叙述，能够预测未来孩子的依恋和探索行为。而在这个过程中，重要的并不是父母的具体经历，而是他们沟通和呈现这些经历的方式。因此，成年人反思自己过去的经历和所处关系的能力，以及将反思表述出来的能力，与孩子如何发展出对他们的依恋密切相关。

　　成人依恋访谈揭示了成年人在早期关系中的依恋模式，但对于在关系中进行反思的能力的关注也表明，该访谈也揭示了有关成年人心智化能力的一些信息。当我们观察梅因对父母的回答进行编码时所聚焦的重点，这一点将变得更加明显：她对父母的回答在多大程度上能反映他们的**元认知能力**进行了编码。对成年人的元认知能力进行的考察，包括了他们对关系中自己的心理状态的理解，以及如何连贯地表达这些理解。因此，这种观点认为，父母的元认知能力预先假定孩子会发展出安全依恋。

　　在明确了元认知能力的重要性之后，我对鲍尔比以及同事安斯沃斯和梅因在依恋理论中的重要贡献的论述将告一段落。在此，我们可以发现这一概念与心智化理论的相关之处——都对理解和解释心理状态感兴趣。

鲍尔比和福纳吉对依恋的看法

福纳吉对依恋的看法和鲍尔比一样吗？不完全是。福纳吉和他的同事们认为，依恋的功能不仅仅局限于年幼的孩子对亲密关系的寻求以及被保护的需要，依恋关系的作用也不仅仅是给孩子提供了一个探索世界的安全基地。心智化理论的出发点是，大脑对于理解自己和他人的心理状态做好了准备，让人们能够与他人一起生活并理解自己和周围的人。我们出生时并不具备这种能力，但是大脑已经做好了进化的准备，使之成为可能。这种潜在特质发展的前提就是依恋关系：安全的依恋能够确保大脑结构依序建立，而正是这些结构为孩子提供了进行社交的最佳前提。接下来我将详细阐述心智化的理论思想。

如果没有被他人看见，我们也无法看见自己和他人

很多人会对**情绪**和**情感**的概念进行区分，但在心智化理论中，我们常将这两个术语当作同义词（例如，见 Mohaupt m.fl. 2006; Fonagy m.fl. 2007），因此我也将它们用作相近的概念。但是，**情绪/情感**与**感受**在概念上的区分非常清晰。情绪和情感可以理解为心理物理性质的反应，它们既是身体的体验，也

是行为的动机。而感受则是对心理物理体验的情绪进行认知处理后得到的结果，感受构成了反应的种种类别，而正是这些反应类别，使我们去学着对情绪或情感体验进行分类与组织。

在心智化理论中理解发展心理学的核心是，用一种高度社会化的视角来看待自我的形成：即心理是由外向内发展的。心智化研究者认为，儿童将自己作为心理角色进行体验的能力并非天生，而是通过与重要他人的互动获得的。接下来我将要探讨人类作为心理角色（即心理自我）进行发展并体验自身的先决条件。

根据心智化理论家的说法，我们对情感的理解发生在与他人的相遇及互动中。理论家们并不认为，人类从一开始就具备了对支配其经历的情绪的基本认识——情绪的特征及意义是在与他人的互动中产生的。

我们假定，孩子在幼时经历了一些内在的（如身体或情感的）信号，这些经历是无组织无顺序的。只有当他人对处于情绪状态的孩子进行回应时，孩子才能开始对这些经历进行分类整理。照顾者通过回应对孩子进行了**镜像反射**，而孩子通过这种方式认识到了自己的经历。经过反复的回应，孩子的内部形成了一个表征，或者说象征，对孩子的心理状态进行了描述。也可以说，发生了内化，因此这些回应能够表征孩子的特定内部状态。随着时间的推移，在这些内化的帮助下，孩子建立了心理状态的象征（或表征）系统，由此他便能够不断地开始理解自己的情绪。通过这种方式，孩子能够识别自己经历的内在信号，并将其与所处的情绪分类状态相关联。在这个系统里，孩子的初级情绪被赋予了意义。图4.1对这个过程做出了具体的说明。

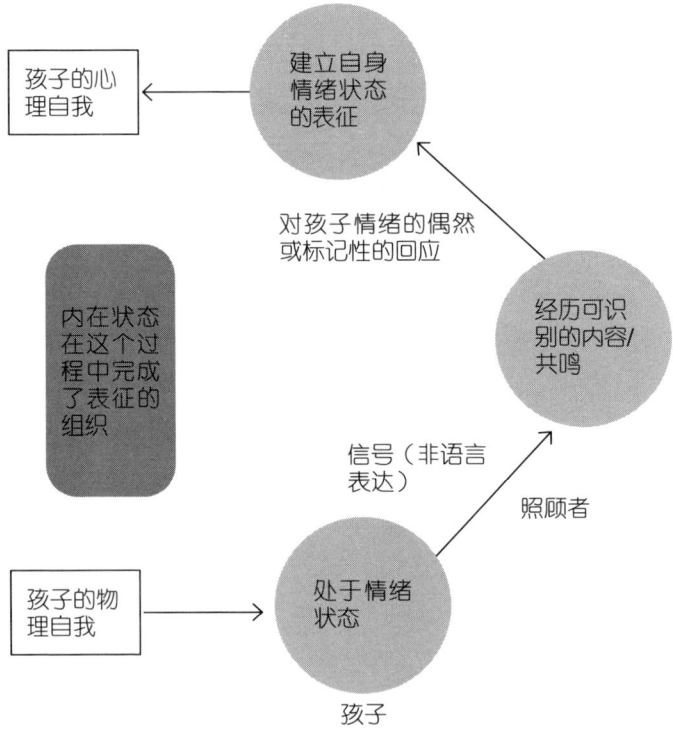

图4.1　心理自我的发展进化（灵感来自Fonagy 2013）

第4章 发展心理学视角的心智化

通过这种方式,照顾者帮助孩子将情绪组织成不同的反应类型。反应类型由孩子根据感受进行区分——这些感受可以归因于自身和他人。在时间的作用下,孩子会通过照顾者的反应获得对自己情绪的认识。

在心智化理论中,**社会生物反馈模型**(social biofeedback-model)也对上述想法进行了描述。就像血压计能够为我们的生理状态提供生物反馈一样,其他人也能够为我们的情绪状态提供社会生物反馈。通过照顾者的反应,孩子能够从外部视角看到自身的感受:孩子将自己的内在情绪状态及他人通过回应提供的信息相联系,以此接触到自己的感受。

如果照顾者的镜像反射是为了支持孩子建立内部表征系统,那么这个反射就不能离孩子的反应太远或太近。比如,如果孩子哭了,那么照顾者不应该让自己跟着孩子一同哭泣;反之,也不该责骂自己。如果镜像反射与孩子的反应太近甚至相同,那么将无法保持其象征性的潜力。如果幼儿哭泣的时候照顾者也开始哭泣,那么孩子所创造出来的表征就会失去象征意义。镜像反射反而会触发与之前一样的状况,也就是说,照顾者的反应强化了孩子的情绪。在这种情况下,镜像反射成为了焦虑的根源,并且使孩子感受到,自己目前所处的状态是具有感染力的。因此,在这个过程中,重要的是对镜像反射进行**标记**。福纳吉使用了标记这个概念,以表明被镜像的反应与镜像之间存在差异。

另一方面，如果镜像反射与孩子的经历相去甚远，比如，哭泣的孩子遇到了开怀大笑的母亲，孩子便无法形成有用的表征。因为二者的联系并不清晰，在这之间也无法找到象征性的潜力。因此，人们在心智化理论中引入了**巧合性**的概念，即照顾者所做出的回应必须视情况而定。这个概念的意思是，孩子的行为或经历与外界的反应之间是否存在一致性。巧合性保证了孩子通过镜像反射对自身感受进行确认，从而使孩子的情绪经历在现实中得到回应。新生婴儿无论是在身体动作还是情感表达上都更喜欢一种完全的巧合性，而4—5个月大的孩子则更喜欢较高程度但不完美的巧合。例如，3个月以下的孩子更喜欢观看直接播放自己的腿部活动的视频，而稍大一些的孩子则更愿意观看比自身动作稍有延迟的视频[1]（Bahrick & Watson 1985）。

但是，人们如何更具体地构建反应，让孩子能够形成具有象征性潜力的表征？福纳吉和同事给到了一个具体的例子：研

---

[1] 这里具体是指，3个月以下的婴儿更喜欢观看同步的行为表现。例如在观看关于自己的腿部活动的视频时，他们更喜欢的是，当他们的腿在动的时候，视频里他们的腿也在进行无延时的相同动作。而大一些的孩子则更喜欢稍有延时的镜像反应，也就是说，他们在这部分的发展会更加成熟一些。——译者注

究发现,在8个月大的孩子接受疫苗注射后,最能使孩子得到安慰的是那些"……能最快对孩子的感受进行反应,但同时也给与孩子当下感受(微笑、问题、不自然的假装等)不相容的情感表达留下空间的母亲"(Fonagy m.fl. 2007: 44 f.)。作者指出,母亲在这种情况下表达出了**复杂的**情感。它确保孩子能理解,镜像反射的感受与自身的感受相似但并不完全相同。这项研究有助于理解,充分的镜像反射包含着复杂的情绪——它们首先包含了那些模仿孩子的情绪而生成的情绪,同时也包含了与孩子的情绪相悖的情绪。

自我的建立——照顾者与基因的意义

艾伦等人(2013)写到,事实或许与我们所认为的相反,我们似乎是通过其他人来创造出心理自我的。艾伦提出,直觉来说我们可能会认为,对于他人心理的理解始于我们自己——无论如何也不会与其相反。然而,心智化理论的思想是全面的,它假定对自身心理状态的理解与完全的自我发展之间存在着一致性。在这个条件下,自我发展的前提便依赖于照顾者的反应。莫豪普特(Mohaupt)等人2006年曾写道:

> 在与照顾者的关系中,孩子将内化一种自我感。

而这种感觉的质量取决于照顾者对孩子情绪的表征。
(Mohaupt m.fl. 2006: 240)

心智化理论的这些考虑是受到了前面所提及的客体关系理论家温尼科特的启发。温尼科特提出了**足够好的母亲**（the good enough mother）的概念，并因此确立了照顾者需要将婴儿理解为心理角色的重要性。温尼科特对于孩子早期的人格形成和在这个过程中对照顾者（尤其是母亲）的依赖有着浓厚的兴趣。与温尼科特的主张一致，福纳吉和同事对此描述道：

若父母无法理解孩子的内在体验并给出适当的回应，便等同于让孩子失去了发展持续的自我感所必需的重要心理结构。（Fonagy m.fl. 2007: 38）

然而，连贯的自我结构并不会在婴儿早期显现出来，而此时这些情绪调节的交互已经在起作用。自我结构的发展最早出现在婴儿真正开始发展心智化能力的时候，即4—5岁时。

正如福纳吉和塔吉特（Target）所写的那样，我们可以认为，主要照顾者在婴儿早期所要承担的责任有着不可超越的重要性。作者对此还提出了这样一个问题：大自然是否真的创造了这样一个如此脆弱但又对我们的自我发展有着重要意义的系统？作者写到，从进化的角度来看，我们能够预见，所有人都至少会遇到一个关注自己的人，这个（些）人能够敏感地识别孩子的潜在心理活动，从而为孩子的心理发展提供适当的帮助（Fonagy & Target 2005）。作者还提到，起决定作用的反射并不仅仅来自主要照顾者。因此，正如祖父母和其他次要照顾者在孩子潜质成熟的过程中也占据着重要的位置，兄弟姐妹们在有意识和反思的心理设置方面也扮演着重要的角色。艾伦等人（2013）写道："孩子会学习父母、兄弟姐妹、其他亲戚以及同龄人的心理。这种学习贯穿了他们的一生"（Allen 2013）。这种假设为个体创造了机会，使我们能够获得对社会中其他孩子的一种人际责任[1]。

因此，孩子的心理自我的发展依赖于，新生儿的发展需求是否能够不断地被一位或多位照顾者以适当的方式满足。这里面也包含着心智化理论的观点，即人格障碍可能是照顾者不适当的行为导致的结果。然而，必须强调的是，福纳吉和同事并不认为个人的自我发展完全取决于外在环境。在这个前提下，福纳吉结合了**表现型**与**基因型**这两个概念。基因型是指个体的潜伏基因，即孩子出生便携带的基因。然而，这些基因需

---

[1] 此处的人际责任，指的是我们在关爱自己的孩子之外，在承担社会角色的时候所获得的一种责任。例如，在家庭里我们可能担任着主要或次要照顾者的角色，而在工作单位（如学校）或其他环境当中，我们也可以是照顾其他孩子的一员。——译者注

要被激活，表现型就描述了激活后的基因型如何在个体身上表现出来。根据福纳吉的观点，孩子早期的人际交往经历会影响潜伏基因的表达。因此，决定表现型结果的因素不只有遗传易感性，而是由遗传易感性与人际、环境因素共同组成（Hart & Schwartz 2008: 22）。在这个问题上，福纳吉和同事引用了对养父母患有精神分裂症的领养儿童的研究。研究表明，只有在收养家庭出现内部功能失调的情况下，孩子患精神疾病的风险才会增加。因此，基因也被认为对儿童的发展具有重要意义，但它们是否表现出来，则取决于儿童所处的人际环境中各因素的相互作用（Fonagy m.fl. 2007）。

对此，心智化理论家们引入了**人际解读机制**的概念。人际解读机制可以被理解为一个假设性的神经结构，该结构处理我们所遇到的来自外界的刺激。它是"……婴儿时期与他人（主要客体或主要依恋对象）的亲密关系当中的复杂心理过程的产物"（Fonagy m.fl. 2007: 125）。人际解读机制被认为是一个综合术语，指我们做好了准备——准备通过他人面对我们的方式来面对世界。然而，在福纳吉（2009）看来，人际解读机制与鲍尔比所提出的内部工作模式并不相同。人际解读机制的目的并不是对依恋经历的表征进行解读，而是显然以一种更活跃的心理功能来解读新的经历。例如，儿童期创伤在多大程度上会影响个体后来的心理健康水平以及心理弹性的发展，人际解读机制起着决定性的作用。

情绪调节——迈向心智化的道路

前文讨论了发展心理自我时被他人看见并进行镜像反射的重要性，这些讨论描述了心智化能力发展的重要条件。除此之外，我们仍需要采取一些步骤来巩固心智化能力。

在这个方面，有一个关键的概念——也是发展心智化能力的重要一步——**情绪调节**，即个体是否能够进行调节，从而控制自己的情绪和情绪表达。

与情绪意识一样，我们情绪调节的能力并不是与生俱来的。但是，正如孩子通过照顾者的反应而学会如何意识到自己的情绪，情绪的调节也是需要学习的。我在前面描述的反射行为，并不足以确保孩子拥有最佳发展条件（Fonagy m.fl. 1995）。反射需要被标记，这样孩子的情绪体验就不会被强化；同时，反射还需要视情况而定，以便孩子在反射中体会到共鸣。然而，标记性的和视情况而定的反射并不足以使个体情绪调节的能力得到发展。因此，这里需要引入精神分析学家威尔弗雷德·比昂（Wilfred Bion）和他提出的**涵容**（containment）的概念。比昂指出，母亲需要**涵容**孩子，而这个涵容不仅仅是反射：母亲不仅要让孩子知道她理解孩子的情绪状态，还要表现出对情绪的掌控。她的反应应当显示出她有能力处理孩子的情绪，而不会被压倒。通过这种方式，她能够帮助孩子调节自己的情绪。

福纳吉和同事描述到，孩子最开始处于一个**二元调节系统**。在这个系统中，照顾者会回应孩子发出的信号，从而帮助孩子调节自己的情绪状态。如果孩子感到悲伤，就会得到安抚，这样就在孩子的情绪体验中建立了平衡。然而重点是，照顾者所要做的不仅仅是调节孩子的情绪。在前面的内容里，我描述了照顾者的反应如何表征孩子的心理状态，以及孩子如何内化这种表征。同时，孩子也对表征的调节潜能进行了内化，即内化了照顾者的情绪调节功能（Fonagy m.fl. 2007: 230）。这意味着，在这之后孩子将能够根据具体情况自主地进行情绪调节。因此，孩子完成了从二元调节到实际的自我调节的转变。

根据福纳吉和卢伊藤的研究，情绪调节存在着不同的水平。在最低的水平上，情绪调节是在无意识的情况下发生的，是对机体平衡状态的内部维持。调节使我们能够在必要的情况下采取行动。比如，当看到一辆车向我们驶过来的时候，我们会不加思考地移动位置。在另一个水平上，调节发生在我们和他人的关系中（Fonagy & Luyten 2009）。通过后一种调节，我们能够影响自己的情绪并进行交流——我们可以向同伴表达愤怒或失望，而不是被情绪驱动去做出原始的攻击行为。正是在这个水平上,作者认为,当情绪调节发展为实际的心智化时,也会有助于自我调节或是成为自我调节的一部分。在这个层面,调节包含了一个认知的因素,但情绪的因素也没有因此消失。众所周知,在心智化的理论中,情绪与认知有着紧密的联系。

经历过各种不同的情绪反射的孩子,以后不仅能够识别和表达情绪,还能够调节自己的内部状态。例如,当愤怒的情绪产生时,个体能够对情绪进行识别并以适当的方式将它表达出来。也就是说,个体能够将情绪控制下来并通过语言进行表达,而不是采用躯体暴力的行为。另一方面,当情绪出现时,没有经历过对愤怒情绪的反射或是被涵容的孩子——或许是因为照顾者没能及时获取情绪信号,又或许是孩子的家中禁止这种情绪的存在——在识别和及处理情绪时会遇到困难。在这种情况下,个体无法得知调节情绪的具体方法,也无法用一种适应外部世界的方式来表达。结果是个体会产生挫败感,并感到自己无法作为心理角色被周围的环境所理解。

还有一种情况,人们没有得到足够的反射及涵容,但是在特定情境下经历过相同的反射,这可能会导致惊恐发作[1]。孩

---

[1] 惊恐发作,是指短期内的恐慌突袭,通常在几分钟之间恐惧开始减退,心跳和呼吸也开始恢复正常。——译者注

子们在既定的情绪中形成了一种包含了"……太多首要经验[1]的……"表征（Fonagy m.fl. 2007: 44）。这将导致的后果是，产生相关的情绪时，个体无法唤起一种能够帮助他削弱情绪强度的表征。相反，个体创造的表征会加强其所处的情绪状态。整体来说，已有研究证实，孩子依赖于父母的情绪调节互动，以便获得情绪自我调节的能力（例如，见Fonagy m.fl. 2007: 155）。

情绪调节被认为是心智化的前期发展阶段，同时也是理解他人及自我心理状态的不可或缺的一步——如果我们无法调节自己的情绪，就无法进行心智化。在情绪调节充分发展后，福纳吉和同事提到了前面所说的心智化情感。心智化情感描述了成熟个体在情绪调节方面的能力。人们能意识到自己的情绪，也不试图逃避，而是让自己保持在对情绪状态的探索里。在这里我们审视自己的情绪，身处其中理解它们的意义，正如第3章所述。心智化情感情绪的概念在心智化理论中具有重要的地位，因为心智化的情感性在心理治疗中处于中心位置。哈特和施瓦茨写道：

> 心智化的情感是心理治疗过程的核心。在心理治疗的过程中，治疗师的任务之一便是帮助来访者获得

---

[1] 可理解为先入为主的经验。——译者注

> 基于经验的对自身情绪的理解，不仅仅局限于智力方面。(Hart & Schwartz 2008: 255)

通过这段引文，我们能够清楚地看见情感因素在心智化理论中占据的位置——显然，我们追求的并非纯粹的智力理解，而是必须以情感为基础的理解。若是不通过情感，我们将无法理解这个世界。在心智化情感的背景下，人们能够理解自身情绪状态的意义。在这种状态下，情绪和自我都受到了调节。心智化的情感性不只是抑制愤怒，更是要能在愤怒的状态下理解愤怒。通过这种理解，不但可以调节愤怒，还可以调节自我。

目前，相关文献并没有就情绪调节的定义达成一致。对一些人来说，情绪调节是指调节个体所经历的情绪的过程。在精神分析和某些形式的依恋理论中，调节对象则更加复杂：情绪调节与自我调节是一致的，因此，被调节的不仅仅是情绪，还包括自我 (Fonagy m.fl. 2007)。而在心智化的情感性中发生的，正是后一种调节。

心智化的不同模式

在有能力进行心智化之前，在能够使用一种心智化的模式（即经验的心智化模式）之前，我们必须先使用其他的模式。这些模式不仅可以理解为孩子发展过程中的必经阶段,也可以看作一种经验模式——即便孩子已经发展出心智化能力——当心智化无法发挥作用时,个体可以退回这些模式中(Allen m.fl. 2010: 116)。

通常在婴儿出生的第二年,他们的心智化便开始发生。年幼的孩子虽然不能进行心智化,但是能够将行为与心理状态相连接。因此,心理状态成为了孩子现实世界中的一部分,孩子可以通过两种**前心智化模式**与心理状态相连接:**心理等同模式**和**佯装模式**。

处于心理等同模式的时候,孩子会将内在心理状态与现实混淆,他们会认为自身的心理状态与外在现实是一致的。例如,孩子认为房间里充满了鬼魂,则房间里的确是充满了鬼魂;如果孩子认为父亲生气了,则父亲的确是生气了。内在现实与外在现实是无法区分的,也就是说,对孩子而言,存在心理现实意味着也存在物理现实。在这个阶段,照顾者对孩子状态的反射尚未形成象征性的表征。这时候的孩子不能区分自身和他人的心理状态,即,认为他人拥有与自己相同的感受和想法。这样的假想得到了实验的验证。研究者给三岁的孩子看一个糖果罐,并问他们认为里面放了什么,所有孩子都毫不犹豫地回答:糖果。但被允许打开罐子查看的时候,孩子们会懊恼地发现里面其实装满了铅笔。在这之后孩子们被问到,他们认为门外没有看过糖果罐的朋友会认为罐子里装了什么。孩子们会非常明确地说：朋友会认为里面放的是铅笔（Fonagy m.fl. 2007）。这个实验因此证实，孩子假定自己的现实是其他所有人的现实。

可以看出，心理等同模式缺少了心智化的态度的某些特征，即个体的心理状态只能是自己的，而不一定是能与他人共享的。

成年人有时也会处于心理等同模式。例如，员工因为担心被开除而感到焦虑，此时表征失去了意义并以一种真实的形式呈现：她体会到的是，无论与老板会面时的实际情况如何，老板不想让她在这里继续工作了。我们可能会特别注意到，心理等同模式与无法保持心智化的态度有关——无法认识到我们的心理状态并不一定是与他人共享的。同事或许并不像我一样满意自己的岗位，学生或许并不像我一样对教学内容充满热情——当与同事交谈或给学生授课时，若我不考虑到这些差异，就会出现理解方面的问题：若是陶醉在自我的满足感里，我就无法看见自己之外的其他人的现实情况。这样我就会忽略很多关于同事和学生的信息，而这些信息能让我们的会面更加有意义。因此，尽管这种原始的体验方式主要是儿童的特征，它在成年人身上依然会有所体现。

与孩子在心理等同模式上所体验到的一致性不同，在佯装模式中，内在与外在现实之间存在着距离。在这里，内在世界与外部现实是脱节的（Allen m.fl. 2010）。孩子在玩耍中时常处于这样的佯装模式。例如，孩子在玩过家家游戏的时候扮演妈妈的角色，将洋娃娃当作一个有生命的孩子。这个游戏与现实是没有联系的，一切都是佯装。当孩子处于佯装模式时，会更希望能尽量避免与现实相联系（Fonagy m.fl. 2007: 249）。这时候，若是姐姐说"你现在必须离开，娃娃不会因为你走开而生气的，它只是个娃娃而已"，游戏就会因为与现实有了联系而被破坏。福纳吉和同事们还认为，这种将外部现实与孩子的感知分离的需求，能够解释为何2—3岁的孩子会在角色扮演游戏之前花费大量时间协商角色以及规则——比他们进行游戏的时间还要长。孩子必须确保现实不会进入游戏，因此必须明确地定义游戏及规则。反之，如果现实离得太近，孩子进入了心理等同模式，即设定的游戏角色和关系变成现实的时候，他们会感到恐惧并且难以处理。

　　成年人也会进入佯装模式。这种模式发生在人们逃离现实进入自我内部世界的时候。比如，有些学生难以完成本科的学习，他们很难理解学习的内容、无法通过考试，甚至多数时候不去上课。但也许他们会突然联系教师并询问成为研究者的机会。他们的内在世界以及希望在当前艰难度日的学校里任职的想法，很难与现实的因素达成一致。

当孩子到了四五岁的时候，通常会将上述两种模式进行整合并建立一种心智化的模式。孩子对世界的体会和见闻会从意识的角度出发，意识到内在世界和外在世界并不相同，但也不完全分离。此外，他人有他人的内在世界和不同于自己的心理体验。想法和感受变成了表征，而不是现实状态。关于孩子在发展过程中将两种模式整合成心智化模式的前提条件，前文已有描述。需要明确的是，照顾者与孩子的相处方式和情感互动，是其中最主要的条件。

随着心智化能力的发展，孩子有机会作为心理角色连续地参与到互动当中。由于心理状态的灵活性，孩子能够改变状态并适应外在世界，而不是感到必须改变自己。

除此之外，心智化理论还指出了第三种前心智化模式，即**目的论模式**。从发展心理学的视角来看，这个模式与其他两个模式的不同之处在于：它通常出现在孩子进行心智化**之前**。在大约9个月大的时候，孩子对目的行为的理解会发生变化：

> （在变化之后）这些新的技能包括：区分目标和实现目标的方法；改变行动方式以适应新的环境；选择当下最有效的方法以实现目标。(Fonagy m.fl 2007: 214)

在目的论模式下，孩子会表达出对事件和背景的理性理解，而这些理解不包含心智化假设。与其他两种前心智化模式一样,年龄较大的儿童或是成年人都可能陷入这种目的论的理解模式中。这种模式的特点是以行动为中心:只有行动才被认为是真实、重要的。

> 当心智化发生崩溃,并进而破坏了与语言和寻常社会交往有关的信念时,躯体动作就变成了一种语言。那些自伤的人可能会保持沉默,但(他们)会在皮肤上书写。疤痕也是一种语言。有的人尝试借助指导手册和药物,通过锻炼肌肉来建立自信。进食障碍患者会试着排空、清洗、减少、填满自己来获得对身体的控制感,以应对缺乏、不足和失控的感觉。
> (Skårderud & Sommefeldt 2013: 97)

因此,如果成年人要相信某种既定的心理状态正在发挥作用,就需要实际的物证。例如,在目的论模式中,只有当他人通过行动表现出喜爱时,我们才会相信对方是喜欢我们的。目的论模式不仅可以是我们理解他人时的特征模式,也可以体现为对自己心理状态的表达。例如,我们如何将痛苦的经历通过具体的身体行为表达出来。

第4章 发展心理学视角的心智化

安全依恋是心智化的前提

从上文可以看出，照顾者以及被依恋者的行为在儿童成长为心理角色这一点上至关重要。根据福纳吉和同事的观点，照顾者的行为对依恋关系的建立非常重要。巧合性的、被标记的以及涵容的反射能够带来牢固的安全依恋关系。在心智化理论中，我们假设依恋关系能够决定孩子的心智化程度。研究提供了这样一个例子，那些12—18个月时表现出安全依恋的孩子，也是5岁时在心智化测试中表现得最好的孩子（Fonagy m.fl. 2007: 53）。

心智化与依恋之间的关系显而易见，尤其是考虑到理想的镜像反射需要照顾者持续不断地进行心智化：照顾者需要有意无意地关注孩子和自己的心理状态；她必须看见孩子的心理状态，从而将其反射出来；她必须通过标记探索并明确自己的心理状态；通过对孩子的涵容，她显示出自己能够理解孩子并掌控他们的情绪。通过持续地进行心智化，照顾者也激励了孩子心智化能力的发展。在发展成心理角色的过程中，孩子与照顾者的心理状态相关联，从而也能与自己的状态相关联。

在最新的陈述中，福纳吉和同事讨论了安全依恋与孩子心智化能力发展之间的关系，他们写到，并非安全依恋本身能够使孩子做好心智化的准备，而是被依恋者表现出来的行为给了孩子发展心智化能力的机会（Fonagy m.fl. 2012）。

因此，根据福纳吉等人的研究，依恋的功能不仅仅局限于确保亲密性和安全感（Fonagy & Target 2005）。依恋的目的是让孩子建立一个表征系统，即用于理解心理世界的模型。艾伦等（2013）写道：

> 最近，我们开始理解，安全依恋不仅可以促进对外部世界的探索，还能促进对内部世界的探索，即自我和他人的心理世界。（Allen m.fl. 2013）

如果照顾者的行为是不恰当的，如果她们不能做出巧合性的、被标记的、涵容的镜像反应，将会导致安全依恋以外的其他依恋形式。这会使孩子很难有机会去发展心智化能力，但正是这种心智化能力让孩子以一种理想的方式参与到社交环境中。孩子必须被他人当作一个心理角色来理解，这样他们可以学着理解其他人的心理，同时也学习如何理解自己。

如前文所述，与父母的关系并不是心智化能力发展中唯一的重要因素，兄弟姐妹、祖父母或孩子生活中的重要他人也可以作为核心依恋对象，并将孩子看作一个心理个体。同时，需要指出的是，心智化能力的发展并不会在童年早期随着主要依恋关系的结束而结束，通过他人来了解自己的心理是一种持续一生的发展。艾伦等人（2013）的研究指出，我们每个人都有对社会生物反馈的需求——通过这种生物反馈，我们能够确认自己的感受。同时，这种反馈也能在我们没有与他人产生联系时，帮助我们识别自己的情绪。社会生物反馈对个体能够继续理解心理状态也至关重要。

从神经生物学的角度看心智化与依恋的联系

随着神经科学不断产生的影响，福纳吉和同事在近期的研究文章中提出了一种"投机模型"，并认为这种模型是心智化能力的根源（Fonagy m.fl. 2012）。在这个模型中，他们引入了**催产素**（oxytocin）。他们认为，催产素是一种能够从生理角度解释依恋与心智化关系的激素（Fonagy m.fl. 2012）。这种激素有一些实际的物理属性，例如在女性哺乳时刺激乳腺功能、在分娩时促进子宫收缩等。在分娩和哺乳期，催产素在女性体内的含量很高（Kosfeld m.fl. 2005）。与此同时，催产素在亲社会行为（即增进人与人之间亲密程度的行为）中也起着一定的作用。研究还显示，激素增加了人们之间的信任（Kosfeld m.fl. 2005）。一系列实验研究表明，催产素还能够改善被试在心智化任务中的表现（Fonagy m.fl. 2012）。女性生产后体内存在大量催产素，因此，在为照顾和适应婴儿进行心理准备的重要时期，催产素能够保证充足的供应量。

　　福纳吉和同事基于许多研究提出了这个模型，这些研究表明，当照顾者的催产素水平升高时，孩子会处于安全的依恋中。高水平的催产素保证照顾者能用巧合性的、被标记的和涵容的镜像反射来满足孩子。正如上文所提及的那样，这种方式能给孩子提供心智化能力发展的最佳机会。

　　与之相反，催产素的低水平与不安全的成人依恋有关。此时，照顾者对孩子情绪状态的镜像反射会呈现非巧合性、无标记以及不包容的特点，大大减少了孩子发展心智化能力的机会。最终，这些孩子的心理会变得非常脆弱，因为他们并没有成功发展出心理弹性——心理弹性的发展依赖于健全发展的心智化能力。

　　因此，催产素的引入并不会改变我之前阐述的因果关系：孩子满足和创造心理角色的方式对心智化技能的发展至关重要。同样没有改变的结论是，安全依恋对于心智化能力的发展有着举足轻重的作用。但是，这确实给安全依恋和心智化之间的关联提供了神经生物学依据。

拥有安全依恋经历的孩子总是擅长心智化吗？

在心智化文献中，可能很难看到早期的亲子依恋关系对心智化能力持续发展的重要性。这正如我们很难确定，哪些来自早期关爱关系的依恋模式是稳定的，并且能够在新的关系中被激活。我将在本章的最后这部分来阐明这些关系。

心智化理论认为，无论身在何处，我们在与人互动时都会建立新的依恋关系。该理论同时也认为，心智化能力的发展与持续建立的依恋关系紧密相关。例如，研究显示，相比于喜欢的教师，当青少年与不喜欢的教师在一起时，他们的心智化能力处于比较低的水平（Luyten m.fl. 2012）。除此之外，还存在着这样一个假设——心智化能力取决于与你相处的人的心智化能力。这是因为，心智化能力不仅在主要依恋关系中发展，还在我们不断建立的关系中继续发展（Luyten m.fl. 2012: 52）。因此，心智化不仅被认为是一种内在能力，还是一种人际交往的能力（出处同上）。此外，如第2章所述，心智化能力也会受到情绪波动的负面影响——这种关系还受到与我们在一起的人以及我们在谈论的内容的影响。

尽管在事实上，情境决定了心智化能力，心智化理论还表明，人们可以在不同程度上"有"或"没有"良好的心智化能力，并将其带入不同的关系中。在本章中，我们看到，与早期的主要照顾者之间的依恋关系对孩子心智化潜能的发展非常重要。而进行心智化的前提是，个体发展成独立的心理角色。同时，本章也提及，人们的依恋模式是随情境变化的，但是也存在一些能够被激活的稳定的依恋模式或风格。对陌生情境实验中一岁孩子的追踪研究结果显示，在学龄期以及青少年时期，这些孩子的行为都保持着与早期依恋模式类似的特征。同时，成人依恋访谈中所展现出来的依恋风格，不仅可以用以预测未来的孩子与父母之间的依恋情况，还被认为能够表现出与依恋关系相关的整体的行为方式（Halpern 2003）。

稳定的依恋模式能够影响人们跨情境的行为，这也能够解释，为何不同的人能承受不同程度的压力和情绪唤醒——并不仅仅与当下的情境有关。

由于情绪唤醒而产生从心智化到无法心智化的状态变化，可以说是在所有人身上都会出现的特征。而使人与众不同的是，当发生皮质到皮质下的转变，即从执行性较强到执行性较弱时，功能的模式也发生了变化。这里涉及的不只是情境因素，还包括个体差异，即需要多大的压力和情绪唤醒，才能使个体的外显心智化下降而内隐心智化"接管"，反之同理（Luyten m.fl. 2012）。福纳吉和同事认为，这种差异与个体使用的**依恋策略**有关。人们在压力下使用的依恋策略，显然与他们

第4章 发展心理学视角的心智化 | 83

"拥有的"依恋风格密不可分。根据这样的说法，在心智化活动失败之前，人们能够承受的压力与他们稳定的依恋风格有关。这里提及了四种不同的依恋策略：安全的、过度激活的、激活的以及无组织的。拥有独立依恋风格的人通常使用的是安全的依恋策略（Luyten m.fl. 2012）。这意味着，他们对自己以及他人的内在心理活动保持着探索及反思的态度，同时，他们不害怕向外寻求帮助，并且愿意接受他人提供帮助的方式。根据福纳吉和同事的观点，使用此策略的人在压力下发生皮质与皮质下转变的阈限很高，在心智化受到阻碍之前，他们需要经历相对较大的压力。相反，过度卷入依恋风格的人通常会采取过度激活的依恋策略，比如过分寻求支持并且对身边的人格外挑剔。对于采用这一依恋策略的人，心智化受阻的阈限非常低。作者描述了人们采用的不同依恋策略，以及因此产生的不同阈限——即唤醒达到何种水平时，反思性的心智化会停止并被自动反应取代——研究者称之为**切换点**（switch point）。切换点的具体情况因人而异，但即使对同一个人，切换点也会因为关系的不同而变化，这取决于个体与互动对象的依恋关系以及对方的心智化能力。

基于上述内容，需要指出的是，心智化能力是情境性的，它受到以下因素的影响：个体承受的压力、个体所处的关系以及在关系中建立的依恋、互动对象的心智化能力等。但还需要注意的是,压力对心智化能力的影响并不只与当下建立的依恋关系有关,还与我们倾向于使用的依恋策略有关,而这些依恋策略反映了我们更稳定的依恋风格的特点。

对于我在本节开头处提出的问题,也许回答应该是"二者皆有"。基于不同的依恋心理经历,人们获得了进行心智化活动的良好或不良的前提条件。安全依恋的人获得了安全的内在依恋表征,他们可以在心智化活动中使用这些表征。因此,该能力被看作是基于人际关系而建立的,并且是一种"可以随身携带"的潜力。然而,心智化并不仅仅基于内在表征而产生,它还可以在新的安全依恋对象的帮助下不断发展。但如果这些"新的"对象要帮助我们进行心智化并继续发展心智化能力,那么,就像在儿童早期一样,我们必须与他们建立安全依恋。同时他们还必须将我们看作与他们不同的心理个体,能够被看见、理解和回应(Luyten m.fl. 2012)。

综上所述,我们可以认为心智化是一种贯穿一生发展的能力。它不该被视作我们拥有或没有的静态量,而应该是我们或多或少具备使用条件的变量。因此,心智化是动态可变的,会持续依赖于我们建立的人际以及依恋关系。

第 5 章

心智化理论的根源及相关的理论概念

心智化的理论根源及灵感

在第4章中,我们引入了心智化理论的发展心理学根源。而在第3章中,我们看见心智化理论与神经科学领域之间有显而易见的关系。在接下来的这一章中,我将简述心智化理论的其他主要灵感来源。随后,我将对心智化及相关概念进行对比。

弗洛伊德、精神分析与法国精神分析家

弗洛伊德本人并未使用心智化的概念,但精神分析(以下引用的部分)被认为是心智化理论的核心(Allen m.fl. 2010):"精神分析过程是研究个体心理组织中潜在的心理活动的绝佳场所"(Loewald i: Allen m.fl. 2010: 31)。尽管心智化理论可能主要是受到了精神分析的启发,但仍有一部分关于人类心理活

动的观点将心智化与精神分析区别开来。乔伊-卡因和冈德森写到，福纳吉在很大程度上是从他人导向的视角来分析个体内在维度的，即与传统精神分析相比，他在更大的程度上解释了人们与他人互动时的心理活动（见第4章关于个体作为心理角色进行发展的描述）（Choi-Kain & Gunderson 2008）。

在20世纪60年代初，法语国家的精神分析学者已经在明确使用心智化的概念。马蒂（Marty）和卢克特（Luquet）对心智化的解释受到了弗洛伊德提出的**联结**（binding）的强烈启发：在弗洛伊德的理论中，联结是指人类自由流动的精神能量受到抑制并被应用于思考。初级过程（遵循快乐原则）受到联结的约束，而次级过程让人类可以通过想法来延迟需求的满足。联结就确保了人们在本我冲动出现之前能够进行思考。法国精神分析家指出：心智化是指身体情感向象征性心理内容的转换，即能够以象征形式保持身体的唤醒（Lecours & Bouchard 1997: 857）。换句话说，把冲动转换成可以反思的感受（Holmes 2005: 38）。布沙尔（Bouchard）和勒库尔斯（Lecours）在2008年的文章中讨论了不同心理治疗学派对心智化概念的使用及其与弗洛伊德思想的关系。他们指出，相比于福纳吉和同事，法国精神分析家的观点更接近弗洛伊德的思想。例如，福纳吉和同事将发展心智化能力的重点放在了人际关系以及照顾者的镜像反射方面，而法国精神分析家则聚焦在无意识和内部冲动的欲望理论。在心理设置的功能上，法国的精神分析家并不像福纳吉那样高度依赖照顾者的角色，而是认为心理发展取决于与欲望相关的内在关系。

比昂

比昂是一位精神分析的客体关系理论家。他的研究尤其关注人类思维及发展。比昂的出发点是弗洛伊德的观点，即思想活动源于某些事物的缺失——对婴儿来说，缺失物是母亲的乳房。当离开象征着喂养的母亲的乳房时，处于挫败状态的孩子可能会思考或想象与母亲的乳房类似的物体。而孩子是否能够处理或修正这些不良的想法（不良是因为主题与丧失有关）并使它们变得能够忍受，则取决于以下两个方面：一是孩子承受挫败感的能力；二是母亲（拥有乳房的照顾者）涵容孩子的挫败感的能力。在这个情况下，母亲必须能够接收到孩子向她投射的挫败感，并且以一种适当的方式传送回去，让孩子能够用可以忍受的方式来思考相关的事情（Holmes 2005）。因此，母亲必须能够充当孩子情绪的容器，涵容孩子产生的难以忍受的情绪，并用孩子可以内摄的方式对情绪进行"解毒"。母亲还必须处理这些情绪，让孩子能够接受并将其内化。不能涵容孩子情绪的母亲则无法识别孩子的挫败，并无法以适当的方式让孩子进行内化。

比昂提出了一个观点，即**贝塔因素**[1]（未经加工的、原始的无意识感官材料）需要被转化为**阿尔法因素**[2]（有一定深度的思想内容，并且符合孩子的思想接受程度）。这个转化是通过**阿尔法功能**进行的，即理解原始感官材料的能力以及对情绪状态进行识别的能力。因为孩子在整个过程中得到了来自母亲的帮助，比昂认为母亲与孩子构成了一对思考原型，并将在生命全程中持续发展。在这个过程中，如果母亲无法涵容孩子的情绪并且将其以孩子能够内摄的方式传送回去，那么阿尔法功能的建立就会被抑制，孩子的思想和发展也会受到干扰。

关于比昂的理论带来的启发，可以参见第4章"在发展心理学的视角下看心智化"：孩子如何通过照顾者涵容和回应他们的方式来识别自身的情绪状态，以及，从整体上看，孩子作为心理角色和心理自我的发展，以及思维与感受的发展，都与周围的环境有关。

当越来越多神经科学领域的知识被引入心智化理论时，读者也许会感到疑惑：精神分析的论点显然是强有力并持续占有重要地位的存在，在这个背景下二者是否兼容？选集《从

---

[1] 丹麦语为betaelementer，音译为贝塔因素，是指没有经过加工的原始感官范围内的意识。——译者注

[2] 丹麦语为alfaelementer，音译为阿尔法因素，是指具体的与想法联结并且在意识范围能被孩子吸收的那些想法。——译者注

诊察台到实验室——心理动力神经科学的发展趋势》(*From the Couch to the Lab. Trends in psychodynamic neuroscience*, Fotopoulou m.fl. 2012)对此做出了全面深刻的回答。该选集说明了神经科学是如何解释精神分析的一系列理解和概念的。例如,神经学研究如何描述弗洛伊德式的无意识理论,并认为动力性的无意识激活基于一个非执行功能的皮质下过程(Solms & Selner 2012)。福纳吉和卢伊藤也对这部选集做出了贡献——他们的章节介绍了与心智化四个维度的每个极点有关的神经基础。

与心智化相关的概念

心理理论

心智化理论与分析哲学有关,并在一定程度上受到它的启发,而这一理论基础就是**心理理论**。心理理论通常是指我们描述他人的心理状态、预测和解释与这些心理状态相关的行为的能力(Zahavi 2010)。该理论在描述孤独症谱系障碍患者所特有的一些问题时尤为重要。

人们是否发展出描述他人心理状态的能力,决定了他们具有多大程度的社会理解力。目前学界已经开发了一系列测试,从而检验受试者是否有能力在社交空间中保持一种不受干扰的状态：这个人是否了解他人会产生感受和想法，是否意识到这些由什么组成以及将会导致什么情况发生？其中有一项被称为"通过眼睛读心"（Reading the mind in the eyes）的测试，能够测量受试者的社会敏感性的发展程度。该测试由巴伦-科恩（Baron-Cohen）和同事于1997年首次提出，测量结果可以显示受试者"设身处地"和"将心比心"的能力。在第1版的测试内容中，研究人员会向受试者展示25张不同演员的眼部及眼周特写照片。每张照片下面有2个描述心理状态的术语，受试者必须选择最能够表达照片中人物的心理状态的那个。通过这个测试，作者得出的结论是，女性受试者的表现显著优于男性受试者。也就是说，女性受试者更擅长指出，在测试制作者看来，这些眼睛反映了何种心理状态。与此同时，患有阿斯伯格综合征（Asperger syndrome, AS）的成年受试者的表现显著比没有诊断的受试者更差（Baron-Cohen m.fl. 1997）。由于该测试的第1个版本存在着诸多局限，在随后的版本中，受试者要回应的照片增加到了36张。每张照片所提供的心理状态术语也从2个增加到了4个。第1个版本包括了初级情绪和复杂（次级）情绪。为了使测试更具挑战性，新版只涉及了复杂情绪，因为初级情绪太容易被识别。新版本验证了第1版测试的结果，并且随着复杂性的增加，这一版本也让研究者能够进一步区分不同人群的社会敏感性。图5.1给出了一个在测试中向

第5章 心智化理论的根源及相关的理论概念

受试者展现的感官刺激的例子。

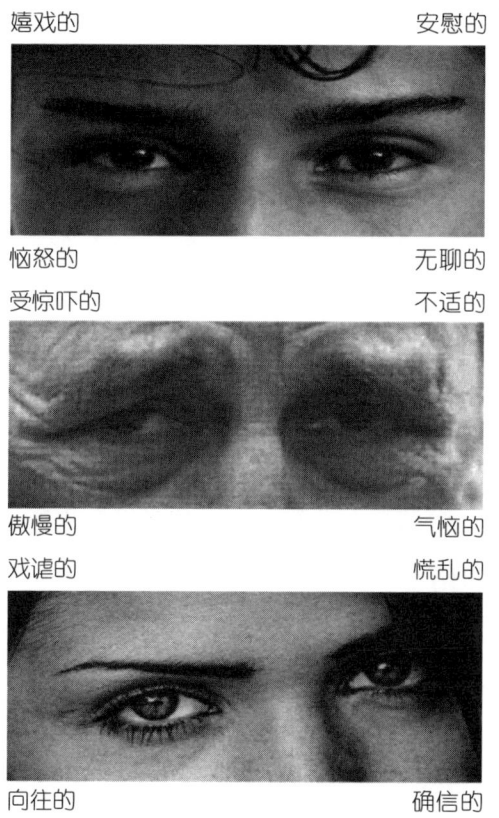

图5.1 在"通过眼睛读心"测试中使用的图片例子
（Krznaric 2013）

心理理论的研究人员从各个不同的角度进行了研究，并将研究重点特别放在了理解他人心理状态的**前提条件**上（Gopnik & Meltzoff 1997; Goldman 2006）。然而，不同的理论家对前提条件的看法并不一致。例如，**理论论**和**模拟论**之间尤其存在着观点冲突。在理论论中，研究者假设人类像科学家一样，通过理论去理解他人。个体掌握一定的理论，并用其解读他人的心理状态。在一部分研究者看来，这些理论是先天的，而另一部分研究者认为这些理论是后天习得并会不断更新的。模拟论的理论家则认为，我们通过模拟的过程理解彼此，在这些过程中我们会将自己的思想当作理解他人的模型。心理理论的不同分支有一个共同点，即，都聚焦于解释人们如何理解彼此的心理状态。

心理理论的哪些分支给了心智化理论最大的灵感？这很难下定论。但很明确的一点是，心智化理论家不认可心理理论中的一个定论，即理解自己和他人心理状态的能力会在4岁左右自动成熟。相反，如第4章所述，心智化能力是一种后天获得的特质，是通过父母与幼儿的互动形成的（Fonagy & Allison 2012）。除此之外，心智化理论家还做了进一步的区分：在心理理论中，能力一旦获得，就意味着永久获得且始终可用；而心智化理论则认为理解心理状态的能力是动态的，这代表着该能力的获得并不是一劳永逸的——它是随情境而变化的，并且能在一生中持续深入地发展。

第5章 心智化理论的根源及相关的理论概念 | 93

心理理论与心智化理论的根本区别在于，前者侧重对他人（而不是自己）的心理状态的理解。此外，心智化理论植根于精神分析，而精神分析的基础包含了一个主题假设：部分心智化过程是无意识地发生的。同时，相比于心理理论，情绪在心智化理论中所占的比重更高，并被赋予更核心的地位（Jurist 2010）。在心智化理论中，情绪对自我发展和整体思维运作都至关重要，因此，情绪被视为心智化过程中的决定性因素。而心理理论特别关注假设、欲望和感受。心智化的支持者认为，心理理论因此忽略了情绪在理解自我和他人心理状态以及预测他人行为时的重要意义（Fonagy m.fl. 2007: 147）。

最后，心智化理论与心理理论的区别还在于，心理理论在理解他人心理状态以及发展心理自我时没有引入发展心理学的视角。理解他人感受与想法的能力和发展心理自我的能力是相互联系的，而心理理论并没有给予后者同等程度的关注。

总之，心智化理论与心理理论的区别在于，心智化理论允许对心理状态的理解在前文所述的四个维度的极点之间展开，并使其密切相关——心理理论则只关注外显极点、认知极点以及与他人相关的极点。

对于心理理论的内容，丹麦哲学家丹·扎哈维（Dan Zahavi）提出了一种现象学上的替代方案（Zahavi 2008, 2010）。扎哈维认为，一个关于社会认知的理论想要让人信服，不能只关注解释和预测他人行为的策略，还应该能够在此时此地的面对面会话中，对我们理解彼此表达的过程做出解释。因此，扎哈维建议我们可以用更身体化、更直接的方式接触他人的心理——我们如何直接进入他人的心理，而不需要理论的连接（Davidsen 2013）。即我们直接理解彼此的"信号"，而不是通过模拟机制处理或是运用后天习得的理论来解读。他人的心理意图能够体现在他们的表达里，同时双方也能够在同一个社交场景下获取彼此的躯体语言信息，这些都使直接的理解成为可能。值得思考的是，这种理解的方式，即**初级主体间性**，是否能够在内隐心智化当中得到识别。然而，这个主张目前仍属于一种猜测，还需要进行进一步的研究。

基于扎哈维的研究，我将从神经心理学方面进一步地介绍模拟论的一种替代方式。这种方式叫作**具身模拟**，加莱塞（Gallese）等人也将其称作**躯体模拟**（2007）。躯体模拟摒弃了标准模拟论关于心理模拟的观点，即人们要想象他人的心理状态才能产生理解，而是认为人们通过内省明确地采用他人的视角去理解他人。考虑到镜像神经元系统的作用，躯体模拟指在我们与他人的交际活动中存在着一种无意识的预反射机制，正是这个机制的激活使我们为即时理解他人做好了准备：

"当我们看到别人的面部表情时，这种感知引导我们将其体验为特定的情感状态，我们并来不及对其进行类比论证。因此，他人的情绪通过躯体模拟的方式——与对方产生共同的躯体行为状态——被构成、体验以及理解。观察者和被观察者共享的神经机制的激活，使这种体验式的理解得以实现。"（Gallese m.fl. 2007: 144）

因此，对他人的感知通过大脑的运作被嵌入躯体。加莱塞等人关于具身模拟的思想在很大程度上与心智化理论中关于理解的部分有关。

共情

心智化与共情不是相同的概念吗？答案显然是否定的。但是这两个概念之间存在着明显的重叠。

在理论文献中，共情并没有明确的定义，它的定义似乎随着理论家的不同而不同。这个概念中有一点不明确的是，关注的焦点是情感还是认知。这个概念来源于德语单词"Einfühlung"，而正如这个单词所指，主要与情感相关。这个结论在学界一直持续到1967年，直到社会心理学家G. H. 米德（George Herebrt Mead）在共情的概念中描述了自我与他人的区别，此后这个概念也与认知联系了起来（Mead 1967）。从根本上说，学者们认为共情的概念似乎更偏向于感受和情绪共鸣（Davidsen 2013:

143）。这一点也可以被看作共情与心理理论之间的区别。心理理论描述了从他人视角理解他人观点的能力，但这种理解不需要对他人的状况有情感上的认同（Jensen 2007）。共情与心智化有关的内容主要体现在认知和情感维度，并且以情感为主。但是，若参考第3章的内容，研究者认为情绪共鸣应以认知能力为前提，即意识到他人与自己之间的区别（Choi-Kain & Gunderson 2008），这样"共鸣"才不会变成"交响"。另外，巴伦-科恩也认为共情中包含了认知的成分。

心智化中另一个可以与共情区分的维度，是自我与他人之间的区别。当个体感知他人心理状态的时候，自我和他人都在共情的概念中占有核心的位置。然而，共情的概念总会涉及他人——当人们产生共情的感受时，对心理状态的感知总是指向他人的。而我们知道，心智化还可以与个体自身有关，如一个人可以反思自己的心理状态。对于这一点，艾伦和同事认为：共情是心智化的一部分，而自我心智化并不被包含在共情的概念里（Allen m.fl. 2010: 80）。

最后，需要指出的是，尽管心智化能够以内隐和外显的形式发生，但共情主要发生在内隐层面（Choi-Kain & Gunderson 2008）。

总的来说，心智化的概念与其他概念有关，但也有所区别。由于心智化理论根源的多样性——包括精神分析、依恋理论和神经科学方法,它包含了其他理论没有关注到的许多问题。与共情和心理理论相比,心智化理论是一个整体的理论,它涉及了人们如何发展成为心理角色、如何作为心理角色执行活动以及如何将他人当作心理角色进行理解。

第 6 章

关于心智化能力的评估

在这一章中,我将重点介绍如何对心智化能力进行评估。我会引入心智化理论中最详尽的评估心智的方法。同时,我也会对一些相关因素进行讨论,这些因素是我认为在使用语言和会话评估心智化能力的时候需要着重考虑的。因此,我建议有必要反思语言和会话是如何被理解和被概念化的,因为这些是评估心智化能力的基础。基于这一背景,我建议在心智化能力的评估过程中可以引入语言学当中的对话分析方法,以适应动态的和基于人际的心智化特点。同时,也能更好地对心智化能力的内隐部分进行评估,否则相关能力便难以识别和评测。

成人依恋访谈与反思功能

福纳吉及同事开创了一种称作**反思功能手册**(reflective function manual)的测试方法。反思功能手册描述了一些心理过程，而这些心理过程正是心智化能力的基础。人们可以将反思功能视作心智化的操作化版本。心智化可以被看作一种能够被测量的心理能力，而反思功能使心智化的量化测评成为了可能（Fonagy m.fl. 1998）。在心智化理论中，这个方法被视作能够测量心智化能力的最详尽的方法。

  反思功能的评估基于第4章中提到的成人依恋访谈。在这些面对面的访谈中，成人必须回答自己与主要照顾者之间关系的问题，包括曾经的和现在的关系。我将在下面列出访谈中的部分问题。通过这些例子，我们可以想象受访者的叙述类型，随后我将介绍反思功能手册对这些类型的分析。

2. 您是否可以从最早的记忆开始，尝试描述幼时您与父母的关系？
5. 现在我想知道，您是否可以告诉我，您与父母的哪一方更加亲近以及为什么？为何与另一方没有这种感觉？
10. 您认为自己与父母之间的整个经历如何影响了您成年后的人格？
11. 您认为父母在您的童年时为什么会有这些表现？
17. 现在我想和您谈论另一个类型的问题——不是关于您和父母之间的关系，而是您目前与孩子（指研究人员所关注的特定的孩子，或是受访者的所有子女）之间的关系。当您需要与您的孩子（们）分开时，您在情感上是如何做出回应的呢？

（翻译自Main 2013）

第6章 关于心智化能力的评估

如上述例子所示，成人依恋访谈的重点是让受访者反思自己与父母之间的关系，尤其是自己和父母曾经的心理状态。此外，基于目前的成人状态，受访者还需要反思自己会如何解释父母的行为，以及整体来说，父母如何对他们产生了影响。在访谈的最后阶段，受访者还需要重点描述自己的亲子关系。这些问题能够反映受访者反思功能的水平，即，心智化能力的水平。接下来，我将讨论哪些陈述可能体现出受访者有较高的反思功能。

通常，一个受访者是否具有高度的反思功能与以下四个条件相关。我在下面将对这四个条件进行说明，并举例讨论如何具体满足这些条件。然而，需要强调的是，这些独立的示例本身并不意味着受访者会被编码为具有高度的反思功能。这种语言编码取决于话语与语境的关系，即话语是否在上下文中有意义地扩展并且得到反映。在进行语言编码时，人们需要根据受访者所处的语言环境来评估段落中的话语。

第一个条件是，受访者必须**对心理状态的本质有明确的意识**。这意味着，受访者的语言表达证明她理解心理状态，正如本书前面所讨论的：人的心理状态并不是透明的，人们永远无法百分之百地确定自己或他人的心理状态。这一点可以通过很多种方式表达出来。例如，当一个受访者讲述她母亲的愤怒情绪时，很有可能会补充到，她并不确定母亲真的生气了。这种不确定也可以通过相对间接的方式表达出来，如受访者说"我的母亲**有可能**是对我父亲生气"，又或者是"我母亲**似乎**是因为我父亲而生气的"。与理解心理状态的不透明性这一事实相关的是，有着高水平反思功能的受访者明确知道，心理状态是可以伪装的。比如，一个受访者也许会说，她姐姐的行为举止看起来像是很生气，然后解释说，实际上她更觉得姐姐是伤心难过。与之相反的表达是"我的姐姐总是对我大喊大叫的，所以她一定特别生气"。心智化理论家还提到，反映出受访者意识到心理状态具有防御性的那些表达（如否认的或游离的），也说明受访者拥有高水平的反思功能。因此，受访者在叙述中会表达出一种意识，即她意识到自己和他人都倾向于修改某些心理状态以减少消极的心理影响。比如，受访者会说，她试图驱赶那些让她害怕的想法。

第二个条件是，受访者**对尝试理解**自己和他人行为背后的**心理状态表现出了明确的努力**。这意味着当受访者提及某一事件时，他必须同时尝试将某些心理状态归因于相关当事人。例如，受访者谈论到自己的朋友时提到，朋友总是在他们敞开心扉互相倾诉之后便起身回家，如果受访者试图从心理状态的角度对朋友的行为给出合理的解释，则表明他有着良好的反思能力，如"这种情况总是发生在我讲述与父亲的共同经历时，我想也许他是因为失去了父亲（因此无法拥有这些经历）而感到悲伤"。第二个条件还提到，如果受访者表达出这样一种认知，即人们可能会以不同的方式看待某个情况或行为，他们的反思水平也会得到高分，如受访者描述道："我母亲看起来总是不满意，但实际上，我认为我姐姐并不这么觉得。"当受访者明确地指出，自己的心理状态会影响对他人行为的解读时，受访者的叙述也反映了较高的反思功能。例如，受访者明确表明，当他对母亲生气时，这种状态会影响到对母亲行为的理解。除此之外，高水平的反思能力还表现为，受访者评估心理状态如何影响自己及他人的行为，如"我总是担心我的父母会发生什么，这种焦虑会把别人逼疯，而且对我自己来说也是巨大的压力"。另外，当受访者回忆某种旧时的心理状态时，能够以一种新的视角去看待它们，也代表着高水平的反思能力："如果你现在问我（对父亲的感受），也许我不再愤怒了，也许我更为他感到难过。"

中等到高水平反思功能的第三个条件与上一个条件有关，即从新的视角看待心理状态的能力。这一点与**意识到心理状态的发展性**相关，即意识到心理状态会随着时间的变化而变化。因此，如果受访者的语言表达反映出他能够调整视角，那么我们就认为受访者的反思功能处于良好的水平："小时候，我总是很高兴妈妈帮我回答别人问我的问题。但是如今我会被激怒。"另一种陈述中也存在发展性因素，即受访者预测从当下到未来心理状态的变化:"此时此刻我只希望我的孩子们能够一起待在客厅里,但是当这个想法实现时,我知道这是不够的,我会进一步希望他们是喜欢待在一起的。"第三个条件还包括一类陈述,表明个体意识到心理状态与一种**代际的观点**相关,这种观点认为一些特定的关系是代际的,与代际的内在动力有紧密的联系。

反思功能的第四个条件认为,高水平的反思功能需要受访者**意识到自己的心理状态与访谈人员有关**。因此,受访者能够清晰地认识到,人们的思想是独立的,访谈人员并不需要与自己处于相同的思想状态:"也许你认为这听起来很奇怪,为什么这件事情会让我如此愤怒,但这是由于我已经经历过太多次了。"此外,高水平的反思功能还体现在另一个方面,即受访者明确地知道访谈人员不会与他人分享受访者的个人资料,因此受访者能够在事件描述之外给出补充信息,让访谈人员能够理解事件。最后,**情绪调节**也是一种能够反映受访者反思功能的方式。这包括受访者很明确自己的表述可能给访谈人员带来影响,并对此表示理解。

该手册强调,高水平的反思功能意味着上述事件是具体独特的,而非一般性事件。因此,陈词滥调不能算作良好心智化能力的表现。同时,高水平反思功能还意味着对事件进行连贯叙述的能力。由此可见,语言和语言表达在心智化能力的评估中有着举足轻重的地位。因此，对心智化能力进行评估的研究人员必须拥有独特的语言聚焦能力，他们需要能够注意到，受访者的表述是连贯的、间接的还是使用了尝试性情态副词或动词。

手册中还解释了如何使用数字对访谈中的单个段落进行编码，以表示该段落对应的反思功能水平。这些分数考虑了被编码的段落所回答的问题是"许可"问题还是"需求"问题。也就是说，这个问题是**允许**受访者给出反映其反思功能的回答，还是**要求**受访者给出这种回答。除此之外，反思功能手册还提及，在对所有采集的语言段落进行评分之后，如何对每一个访谈给出全面的反思功能得分。

起初，反思功能手册被应用在与依恋相关的叙述中，即那些与受访者的依恋对象以及早期和当前关系相关的叙述。然而，该手册也越来越多地被当作一种评估工具，应用在成人依恋访谈中未出现的叙述上。例如，卡尔松（Karlsson）和克莫特（Kermott）查看了心理治疗记录，在患者提及和反思自己曾经参与的互动的时候，对叙述进行了评分（Karlsson & Kermott 2006）。因此，成人依恋访谈之外的叙述，也可以根据受访者的心智化表达进行评估。

心智化能力是动态的、情境化的

在第4章中,我描述了一些研究,这些研究揭示了成人的心智化技能(通过成人依恋访谈测量)以及他们和孩子的依恋关系之间的相关。这种相关表明,成人依恋访谈所测量的心智化能力是人们的一般能力——至少是与自己的孩子建立关系时的一般能力。

然而,正如本书所强调的那样,仍需要指出的是:在最近的心智化研究中,心智化是一种随情境变化的动态能力。心智化能力的首要特点是依存于特定的关系,即会因依恋关系的变化而变化。心智化的关系层面有着很强的侵入性,即便对自己进行心智化,这一能力也取决于我们是否能够找到安全的内化依恋表征。然而,一些稳定的个体关系的存在,对跨关系的心智化能力至关重要。或许读者还记得,前面描述了一些个体依恋策略,这些策略决定了个体的切换点,即多大程度的情绪唤醒会对心智化能力产生影响。切换点描述了前额叶参与执行的神经系统停止运作的时间。但是,个体在不同关系中经历的唤醒程度是会变化的。即便个体的情况是相对稳定的,对心智化能力的评估仍然需要在具体的情境中,根据个体心智化能力的表达来衡量。在会话情境下,这种能力将根据情境和双方的关

第6章 关于心智化能力的评估

系而变化。如果从心智化能力的功能出发，反思功能手册就可能存在一定的问题。因为该方法在某种程度上默认，要将心智化能力确定为个体的一种普遍能力。在本章后面的部分我将讨论，反思手册的评估是否足以体现心智化的多维性以及它包含的八个极点。我们越关注心智化的多维性以及高度动态性，就越需要引进并开发测量心智化能力的新方法。

然而，在接下来的部分，我将根据反思功能描述的内容来分析两段对话摘录，尤其强调心智化能力的可变性。我将参考上面所提到的代表高反思功能的四个条件，对对话摘录展开分析。在分析之前必须明确的是，下面的这个例子并不代表反思功能手册的一般使用方式。因此，我没有进行段落评分，并且整体来说，我所展示的对话也不涉及受访者展开的叙述与反思——反思功能手册需要他们展现出高水平的反思功能。我们可以将接下来的例子看作一个方案，即如何描述心智化能力——或者说心智化的态度——而不是测量。我的分析将从上文所述的四个条件入手，这也是反思功能手册的起始点。同时，我将继续使用"心智化的态度"这一概念（见本书第2章），尽管反思功能手册中的四种条件并没有系统地体现在这个概念中。因此，接下来的示例并不是一种完美的研究心智化的方式，而是一种更实际的建议，关于如何在成人依恋访谈之外的其他对话中获取关于心智化能力的内容，并且不必使用反思功能手册这么精密的测量工具。与此同时,下面的例子将试图说明,在观察受访者的心智化能力时,使用访谈者的互动方式的重要性和可能性。当心智化能力被视为会随关系以及会话情况而变化时,互动者的所有互动方式都值得被关注。而这些方式并不能通过反思功能手册进行评估。

在下面的例子中,我将考察同一个人在不同的情况下如何表述同一事件,以分析心智化可能存在着的多样性。这两种情况都是面对面访谈,但访谈人员不同,且两次访谈之间相隔了16年。

我所截取的这两段对话来自一个很长的系列访谈,是在丹麦基础研究基金会社会语言发展研究中心(简称语言发展中心)实施的。在这个中心,研究者对同一批受访者进行了间隔约20年的访谈研究。该访谈能够反映出很多问题,尤其是关于语言的演变。然而,这些访谈同时也让研究者有机会对语言和沟通相关的其他问题进行研究,包括理解以及心智化的问题。

研究者 D. G. 拉森(Dorte Greisgaard Larsen)在她的博士论文中讨论了关于复述的观点(Larsen 2013)。她分析了两个受访者如何在不同的访谈中描述(自己身上发生的)同一事件。我从拉森的博士论文中挑选了一位受访者以及她对于幼时转学事件的讲述。

第一个访谈是在1989年进行的。受访者与访谈者彼此认识。从访谈中我们得知,他们的孩子在同一个班级,而且他们住在同一座城市。受访者与访谈者年纪相仿,在40岁左右。而第二个访谈录制于2005年。在这个采访中,受访者与访谈者从未见过对方。受访者在接受这个访谈时是59岁,而访谈者是33岁。

这两段对话讲述的事件是,在受访者的学校里,所有的孩子在五年级的时候会被分入不同的小组,那些被认为有能力继续往下念的孩子会被送到一所更大的学校去。带点的括号(.)表示话语中较短的停顿。[1]

摘录1:

1	安 妮:	是的呃然后我还有一个叫作(同学的名字)的同学
2		我们是班级里(.)唯一的呃被评估认为是
3		要继续往下念的人所以我们必须继续去
4		(在邻近城市的那所学校的名字)
5	访谈者:	嗯
6	安 妮:	还有(.)我也是想要去的因为我一直

---

[1] 摘录换行与原文保持一致。基于作者使用的语言解码程序,所生成的行数内由于时间的差异而出现的语句衔接和连贯等状况,属于正常现象。该行数标记主要用于接下来的心智化能力分析当中的原句追溯。——译者注

7		对于上学是很高兴的不是吗但问题是
8		她生病了大半年（.）在我们开始的时候（.）然后
9		我就不想要去那边了
10	访谈者：	嗯（.）是
11	安　妮：	我（.）这很糟糕然后我就绝食了
12	访谈者：	噢
13	安　妮：	还有那时他们并不能真的嗯去转
14		学（.）所以嗯他们说虽然我不愿意去
15		那边嗯但那边学校的负责人不想让我呢（.）
16		转学回来因为我能够轻松地
17		跟上学习进度
18	访谈者：	嗯
19	安　妮：	如果如果原本的问题是我不能
20		跟上班级的进度（.）那么我们就可以
21		转学离开（.）但是只是因为我不喜欢去上学的话
22		我就不能够转走
23	访谈者：	嗯
24	安　妮：	我们就需要拿到一个医生声明为了
25		让我能够转学（.）回去
26	访谈者：	嗯
27	安　妮：	然后还有就是那也只是

第6章 关于心智化能力的评估

28		因为我当时没有安全感并且害怕所有新的东西
29		不是吗
30	访谈者：	是的
31	安 妮：	后来我能够看见（我被允许回来）
32		这在当时完全是荒谬的
33		不是吗
34	访谈者：	是的
35	安 妮：	因为这在当时完全是时间的问题
36	访谈者：	的确
37	安 妮：	不是吗
38	访谈者：	的确是的一般来说是应该这样（语音
39		模糊）
40	安 妮：	但是我当时是如此不正常所以我所以我拒绝
41		吃饭
42	访谈者：	哈
43	安 妮：	但是后来（.）后来我的母亲和父亲看不到其他的
44		办法了除了让我转学回来
45	访谈者：	没办法
46	安 妮：	但是今天这让我感到烦恼
47	访谈者：	是（.）噢这就意味着你不能继续往下念了
48	安 妮：	是的

49	访谈者：	是
50	安 妮：	因为他们不想让我到其他的
51		地方去（.）
52	访谈者：	是
53	安 妮：	因为说不定他们还会遇到同样的问题不是吗

摘录2：

1	安 妮：	然后我们那时是呃两个人（.）我还有另一个女孩子她
2		叫做托弗（.）呃他们说我们如果呃如果呃我们
3		感兴趣的话那么我们就能够继续念书不是吗
4	访谈者：	是
5	安 妮：	那我们是想要（.）继续念的再说这是
6		一个特别大的学校
7	访谈者：	学校有多大呢
8	安 妮：	（.）是的学校就像呃你没有见过（一个
9		当地学校的名字）对吗
10	访谈者：	没有那家学校已经关闭了不是吗
11	安 妮：	是
12	访谈者：	是的那所学校我没有见过我不知道
13		那所学校是在什么位置
14	安 妮：	但是那里有好几百个孩子不是吗

第6章 关于心智化能力的评估

15	访谈者：	是的
16	安　妮：	然后托弗她是要和我一起去的她当时是
17		生病了大半年
18	访谈者：	嗯
19	安　妮：	然后我就不想去那里了
20	访谈者：	但是你在那边开始上了然后
21	安　妮：	我开始在那边上学了
22	访谈者：	是
23	安　妮：	嗯呃（.）然后呃我就我就既不想吃东西
24		也不想做其他的因为我不喜欢待在那里我
25		害怕他们（.）害怕老师和所有的
26	访谈者：	你被孩子们取笑了吗
27	安　妮：	没有（.）我自己感觉到呃害怕和不安全嗯我
28		也不知道
29	访谈者：	是（.）那时候没有人关照（.）你
30	安　妮：	没有所以呃我的母亲就应该让我转学回来
31		因为我并不开心并不（.）但是呃他们不愿意
32		因为呃那并不是因为我不能够跟上
33		班里的进度所以我必须待在那里（.）但是最终还是
34		最后嗯嗯嗯我被转回来了不是吗不是
35		因为我在那里不能够开心起来是因为我拒绝

36		吃东西
37	访谈者：	你什么也不吃
38	安 妮：	是
39	访谈者：	在家也一样
40	安 妮：	是吃得非常少所以我就变得越来越瘦弱
41		因为
42	访谈者：	你绝食抗议
43	安 妮：	是的我其实认为我也没有那样做因为
44	访谈者：	嗯
45	安 妮：	我可以（.）嗯我认为是（.）如果人们
46		之前是在（.）一个这么大的环境下成长
47		那么就不会那么容易恐惧不是吗
48	访谈者：	是的这的确是
49	安 妮：	然而呃所以是有好有坏的
50	访谈者：	但是听起来是很不错的
51	安 妮：	是的当时也的确是
52	访谈者：	当时也有一些你认为优秀的老师吗

尽管受访者在这两个摘录中描述的是同一事件，但是从受访者对所叙述的事情的组织表达和反思可以看出，这两段对话是不同的。对话从受访者讲述她与朋友在五年级的时候转学的

这一节点开始。需要注意的是，在两个摘录中叙述的话轮都是由受访者自己首先启动的，但是在这之前，两段对话中谈论的事是不一样的。这一点可以看作两个摘录中存在着的不同背景，导致受访者的心智化态度呈现出了差异。

受访者在摘录1的第1—4行说"被评估认为是要继续往下念"，而在第2个摘录中的第1—3行提到"感兴趣的话那么我们就能够继续念书"。这一部分我们能看出，受访者通过在摘录1中表述的"被评估（决定）"揭示了自己对于得到这个机会的心理状态。而在摘录2中她将这个机会表述为一个她当时并不向往的"选择"。因此，在摘录1中，从叙述的一开始她就展现出了心智化的态度，明确描述了与所述事件相关的心理状态。在接下来对自己的心理状态进行表述时，她仍然保持着心智化的态度（摘录1的第8、9、11行）："然后我就不想要去那边了"和在这之后的"这很糟糕然后我就绝食了"。在这里，受访者所表述的绝食行为是与心理状态相关的。而在摘录2中，受访者对于心理状态的描述最早发生在话语序列的后面（第19行），并且非常简短："然后我就不想去那里了"。

在摘录1中，从一开始就能够清楚地追溯到心智化的印迹，这可以有很多种解释，如访谈者的行为分析。第1段摘录中，访谈者通常以所谓"极简的回应"来应答。譬如通过"嗯"和"是"等答语来回应受访者，表明她正在倾听对方的叙述，同时表示自己无意打断。而在摘录2中，访谈者与受访者事先互不认识，对受访者所描述的当地情况也知之甚少，因此在第7行便提出了问题，打断了受访者的叙述。访谈者问到，学校有多大？这个问题引发了一个新的话轮序列，意味着在此时，受访者需要澄清一些事实。这打断了受访者的叙述，否则受访者能更多地展现心智化的态度——受访者有机会沉浸在事件中，反思并将心理状态归因于事件相关者。

受访者在摘录1中一直都保持着心智化的态度，因为她的话语反映出对心理状态的聚焦。她将心理状态归因于自己，解释了不想去新的学校的原因以及随之而来的绝食抗议（第27—29行）："因为我当时没有安全感并且害怕所有新的东西"。访谈者继续保持访谈策略：她没有打断受访者的叙述，而是用简短的回应表示自己正在倾听，受访者因此能够继续。受访者在摘录2中呈现的心理状态与摘录1中的大抵相同，如（第27行）："我自己感觉到害怕和不安全"。然而，这些语句在某种程度上存在着很多不同。在摘录1中受访者所采用的是过去完成式["曾是（has been）这样是因为"和"我曾感到（have been）不确定和害怕"]，而在摘录2中她所采用的是一般过去式["我感到（felt）……"]。时态上的差异对于反思功能的考察是有意义的。实际上，"have"在简短的形容词形式中作为助动词的用法和含义代表着一种倾向，是"……一个所谓**有根据的**

（evidential）使用，表明陈述的结论是推理性的"（Boye 2010: 5）。与摘录2当中的一般过去式相反，受访者在摘录1中更多地使用了过去完成式。这意味着，在受访者确定心理状态时，有一个解读的过程。她得出的结论是，当时应该是那样的心理状态在起作用。她在描述自己心理状态时阐明的这个程序性和解释性的方面，可以与我们前面所说的"对心理状态本质的意识"相对应。心理状态并不是透明的，需要反思才能明白究竟是哪种心理状态在此时此刻或是过去的某个时刻起作用。根据摘录2当中的话语以及一般过去式的使用，可得知"我自己感觉到害怕和不安全"并不属于解释。

受访者在摘录1中持续着心智化功能的运行，例如她在第31—33行中所指出的，"后来我能够看见（我被允许回来）这在当时完全是荒谬的"。在这里，受访者表现出了一种发展的视角。受访者很清楚地表明，她现在是从一个新的角度去看待过去的心理状态。她很明确地指出，适应新的学校只是时间上的问题。在第40—41行中，受访者继续说道："但是我当时是如此不正常所以我拒绝吃饭"以及后面的"我的母亲和父亲看不到其他的办法了除了让我转学回来"。通过将自己描述为一个怪人，受访者在叙述中加入了当下对童年时心理状态的评估，同时也表明了一种变化的视角。在第46行受访者总结道："但是今天这让我感到烦恼"。这句话表明受访者依然保持着心智化的态度，受访者清晰地表述了，当下自己如何看待童年时因为转学而采取的行为和当时的心理状态。显然，在摘录1中，访谈者表现出了自己的心智化态度，尤其是内隐态度：访谈者毫无打断地让受访者叙述，让她顺利地叙述完整个事件。当受访者提到这件事让今天的她感觉到烦恼时，访谈者马上对受访者的困扰表示理解并表示（第47行）："是噢这就意味着你不能继续往下念了"。在接下来的会话中，这个关系使得受访者继续聚焦于所叙述的事件。显然，这是受访者需要的关系。

  如上文所说，我们看到，摘录2中受访者的心智化态度与摘录1中并不相同。尤其是在摘录1中表现出来的发展的视角，在摘录2中并没有体现。然而，在摘录2的第45—47行，受访者说，"如果人们之前是在一个这么大的环境下成长，那么就不会那么容易恐惧不是吗"。这个表述也许能够说明，受访者在此刻看待事物的观点不一样了。但与摘录1不同的是，受访者并没有明确表达自己当下对那时的经历的心理状态。相对地，受访者在摘录2当中提到了一些一般性事实：她并没有像在摘录1中那样描述自己，而是使用了通用代词"人们"。这让受访者只是泛泛而谈，脱离了评价的具体对象，正如前文所述，这种方式不是高水平反思功能的特征。摘录2中，访谈者在受访者的故事里始终保持着询问的方式，参见第10、26、29和第39行。这些持续的发问说明访谈者对受访者所描述的信息是有兴趣的，但同时也打断了受访者的语流。语流以及衔接的连贯性，从某种程度上能够对心智化起到促进作用。访谈者的这些问题所带来的影响是，受访者没有机会详述自己当前与该事件有关的心理状态。在第50行，受访者说一个小的环境里有好有坏时，访谈者给出的回应是"听起来是很不错的"。这意味着，访谈者忽略了受访者暗示的潜在问题。而在第52行中，访谈者则更换了主题，询问受访者是否认为她曾遇到过一些优秀的教师。

这两个摘录说明，在与两个不同的访谈者相隔16年的对话中，同一位受访者对同一事件展现出了不同的心智化态度。随着时间的变化，受访者的心智化能力变差了吗？显然不是。但是她事先认识访谈者、访谈者也对她有所了解这一事实，与两个摘录中心智化态度的差异有一定的关系。受访者在摘录1里体会到的安全感与理解，能让她的心智化能力表现得更充分。与此同时，这两个访谈者呈现的不同行为，也可能影响受访者的心智化能力。

语言和互动领域多年来的研究提供了一些观点，能够解释上述两个摘录的差异，并通过会话对心智化能力进行研究：对话以及对话中发生的事情是双方共同构建的，一方的行为取决于另一方的表现，并且在相互作用中产生。这打破了传统上被称为独白式沟通理解的概念，即会话中的一方（通常是访谈者、提问者或考察者）扮演着被动聆听的角色，对对话内容没有影响。对话中共同构建的思想与心智化能力的研究不谋而合，即一方的心智化能力在既定的情况下取决于另一方的心智化能力。

然而，对话中的共同构建含义更为深远。会话中一方的心智化水平不仅与另一方的心智化有关，而是与会话中所有的互动方式有关。这使得人们产生了疑问：我们可以通过一系列问题单独评估会话中一方的心智化能力吗？同样，能否通过与上述两个摘录类似的对话（如语言测试、考试情境、工作面试等）来评估和测量所有其他可能存在的能力呢（参见我即将出版的书）？无论何种情况，这意味着当我们描述会话中一方的能力时，需要同时考虑谈话双方的情况，正如我在前面一直将受访者与访谈者的话语联系起来。因此，当需要通过面谈或者其他类型的会话来评估和描述参与者的心智化能力时，我们应该发展出新的方法，以聚焦谈话双方的情况。我们还需要开发出一些方法，使我们能够理解访谈者或其他人为受访者（接受心智化评估的那一方）创造的可能性空间。

心理状况与语言

继续上一节的遗留问题，本节我将向福纳吉和同事的建议再迈一步。他们提出，心智化能力能够通过反思功能来评估。这种方法的前提假设是，我们的心理状态能够通过语言的方式表达出来。显然，这是很有必要的。如果此刻我说"我很难过"，而对方将这句话视作对事实的表达，那么它就具备了直接和实用的意义。但在语言及会话的理解范式（如话语分析、话语理论以及话语心理学）中，语言并不被认为是对个体内在或外在世界的反映。（见 te Molder & Potter 2005; Jørgensen & Phillips 1999）。这个陈述意味着，例如，当我们访问受访者对特定事件的观点和态度时，需要明确他们的回应还包含了观点之外的许多信息。事实上，人们可能会认为，观点不是个体所"拥有"的，而是在既定情况下为了既定目标所"做"或是"构造"的。尤其是在话语心理学领域，人们会将心理现象当作互动中创建的对象进行研究：例如，研究者通常不会研究互动中的人们拥有什么情绪，而是观察人们在互动中如何运用情绪与情绪表达，以及如何回应某种情绪状态下的互动。所有的话语都被认为是基于不同的情境而构建的，都与具体的会话相关。因此，心理现象被认为具有互动性和关系性（Potter & Hepburn 2007）。

若是将这个观点应用于成人依恋访谈，则意味着受访者给出的回答并不仅仅是他们心智化能力的反映。这些回答可能反映了受访者在特定情况下的目的，可能有助于他们以特定的方式构建自我身份，也可能是重述特定的主导话语。举例来说，一个人在今天可以看到，自己此时此刻对父母的认知与以往的认知存在差异。因此，我们可以认为受访者在这个情况下想把自己塑造成具有反思能力的形象。受访者可以将自己描述为能对事物产生新见解的人——无论自己是否真的产生了新的见解。

语言学家雅各布（Jacob Thøgersen）在一篇关于语言和访谈的文章中对上述观点进行了讨论，并将相关问题表述为：对话情境中的语言实现与表达出来的语言现象之间有什么联系？他写道：

> 一个天真的想法是，受访者的语言创作毫无疑问地反映了他的内在生活。这一点与语言学上的观点相吻合，即语言本身可用作意义交流，发送者与接收者可对其进行编码或解码。如今大家都可能将其视作一个天真的观点，但在解释反映现实的语言数据时还是很容易被采纳。（Thøgersen 2005: 39）

雅各布提到的这个天真的语言学观点，在一定程度上适用于基于话语访谈进行的心智化能力分析。若是受访者表述"看起来我妈妈像是生气了"，那么在正确的情境下，她表现出了高水平的反思功能。原因之一是，受访者描述了母亲的心理状态，这是在进行心智化；另一个原因是，受访者使用了"看起来像"的结构，这反映了受访者对心理状态的不透明性是有意识的。受访者的语言表达说明，此时心智化在发生作用。我们的精神生活，甚至是其中无意识的部分，都能通过语言揭露，比如，在综述依恋访谈时，吕登（Rydén）和瓦尔罗斯（Wallroth）在他们关于心智化的书中写道：

> 成人依恋访谈通过研究成人无意识的依恋模式的"载体"——即语言，来探索依恋行为。（Rydén & Wallroth 2008: 45）

将语言当作谈话者心理状态的直接切入点，这与话语心理学的观点是相互冲突的。比如，那些通过语言和话语生成的心理现象，只能被看作在特定情境下创造个体身份及构建世界的方式。

那么是不是说，我们根本无法通过语言来评估心智化能力呢？并非如此。人们通过语言来叙述事件以及背后的心理状态，但话语很可能无法揭示人们当前所有的心理状态，例如当人们说他们很愤怒时。但是，能够持续关注心理状态、根据心理状态来看待发生的事件、理解心理状态的不透明性，证明个体有能力进行外显心智化，有能力将这些反思通过语言清楚地表达出来。与此同时，还需要补充的是，上面对吕登和瓦尔罗斯的引用还涉及这样一个观点，即无意识的行为模式或是心理状态是能够通过语言进行准确研究的。这些行为模式呈现出的语言特点可以作为研究的切入点，这将使语言和对话领域受益。

人们也可以认为，在评估心智化能力时，语言**应该**在其中充当核心角色。我们可以回顾第4章，心智化能力的发展似乎取决于照顾者对孩子的回应。通过照顾者的躯体或是言语回应，孩子学会了认识并命名自己的情绪："哦亲爱的，你感到难过吗？"通过语言的使用，照顾者教会孩子认识自己的心理状态，并给予他们体验自己的心理角色的机会。因此人们也许会说，语言——当然还有父母用来帮助孩子建立内在表征的其他表达方式，仍然是我们与他人及自己的心理活动打交道的重要媒介。但这并不意味着语言是反映内部状态的镜子；同时，也不能因此而忽略，我们说的话总是受到所处的情境、我们（有意或者无意地）表达自己的方式以及交谈对象（像我们在摘录1和摘录2当中看到的那样）的影响。但这确实说明，站在发展的角度，我们会发现心理状态和语言是密不可分的，并且我们有充分的理由假设，这种联系并不会突然松动或中断——尽管必须结合影响所有沟通情况的所有因素来观察。因此，通过语言来研究心理状态以及我们与他人心理状态之间的关系是有意义的。正是这样，我们学着了解他人。

评估心智化的不同层面

在心智化理论中，反思功能手册是最完善、最常用的测量心智化的方法。卢伊藤等人在2012年提出了一系列评估心智化的方法。他们针对前面提到的心智化的四个维度的每个极点提出了指定的评估方法。这是因为，研究者们认为，对于个体的心智化评估取决于如何细化个体的心智化档案，即描述个体在心智化的各个极点的具体功能（Luyten m.fl. 2012）。通过这样的方式，他们明确表示，心智化能力的评估中着重考虑了心智化概念的多维度特点。这也说明了为什么研究者要在心智化的评估中包含其他方法——在心智化理论之外的其他理解框架下开发的方法。

在这个方面，研究者指出了40多种不同的测量方法，并将其分成4组。

第1组由一份长问卷组成，例如**情绪觉察水平量表**（Levels of Emotional Awareness Scale）。情绪觉察是指识别和描述自己和他人的情绪的能力。测试者会向受试者展示20种不同的场景，涉及受试者自己和其他人。在每一个场景中，受试者需要描述他们认为自己和他人有什么感受。例如，一种情况可能是："你和最好的朋友从事同样的工作，每年公司都会为最佳工作者颁发年度奖项。为了赢得这个奖项，你们都很努力地工作。一天晚上，获奖者诞生了——是你的朋友。这时候你有什么样的感受？你认为你的朋友的感受又是如何？"回答将会按照步骤进行评分，这通常与受访者给出的情绪描述的复杂程度和细节有关。这个评分系统是基于情感体验的发展理论

（Kimberley m.fl. 2010）。

第2组涉及很多不同版本的访谈／叙述编码系统，例如之前我们提到的反思功能手册。

第3组介绍的是实验方法，例如在前面提到的"通过眼睛读心"测验。

第4组描述的是投射方法。投射方法根植于精神分析思想，因此它的假设是，人们也被无意识的力量所控制，而这些无意识在直接的访谈中是无法捕捉到的。若是人们想要知道受访者的无意识动机或态度，则需要采取其他的方法。在这些投射影方法当中，受访者会收到一些需要回应的模糊刺激。这个方法的主张是，模糊刺激并不会使个体生成那些被视为可控的回应。因此受试者被认为能够产生无意识的回复。

关于内隐心智化的研究

根据卢伊藤等人2012年的研究，反思功能手册作为常见的心智化评估方法，考虑到了心智化的多数方面。然而，研究者承认，该手册主要集中在外显心智化的部分，即受访者对心理活动的描述能力。而我在前面的两个摘录中所分析的，也是外显心智化的部分。尽管外显心智化被认为位于心智化能力的顶端，但该评估在很大程度上并未特别考虑个体的内隐心智化能力。有一些其他方法可以评估心智化的内隐部分，最明显的是前面提到的投射方法。

那么是否有可能在会话时对个体的内隐心智化进行研究呢？是否有可能在实验空间（使用投射方法）之外，内隐心智化出现得最频繁的地方——人与人的对话中，捕捉到它呢？

由于内隐心智化的特点是无意识的、自动的，而非明显表现出来的，上述问题的答案一定是否定的。这是因为，内隐心智化的活动很难被观察到。

正如第3章所述，研究者认为镜像神经元的活跃状态与内隐心智化的进行有关。这是否说明，我们有可能通过交谈中的互动镜像，即对对方行为的反射，来捕捉内隐心智化？研究表明，在彼此进行镜像反射时，镜像神经元的激活程度呈现上升的趋势。研究还指出，神经元的激活是从杏仁核所在的边缘系统开始的，而这个结构在内隐心智化的过程中占据着核心位置（Iacoboni 2009: 665）。这表明，镜像行为与内隐心智化有关，并且可以被看作内隐心智化的表现。这与我在第3章提及的自我与他人心智化关系的研究发现很好地衔接在了一起：与缺乏镜像行为的互动相比，在互动中进行镜像反射的人更能喜爱和理解对方。因此，镜像行为被认为产生了一种对理解的基本体验，这种体验与内隐心智化的发生很可能是对应的。

在研究抑郁症患者分别与全科医生及精神科医生进行的

对话时，我与同事 A. S. 戴维森（Annette Sofie Davisen）证明，相比精神科医生，全科医生会在更大程度上对病人的躯体语言以及言语语调做出反射。根据心智化的理论框架，我们认为，全科医生比精神科医生更能在会话中进行内隐心智化。在接下来的摘录 3 当中，我将通过一个例子来说明内隐心智化是如何进行的。我在摘录 3 的会话当中使用的言语解译规则与前两个摘录不同。对摘录 3 的解译会更加精确并包含比摘录 1 和摘录 2 更多的行为描述。这些对于镜像行为的研究是十分必要的。解译规则源自会话分析当中的方法，即**对话分析**（conversation analysis）。在对话分析中，**单括号里的数字**代表被测量出来的停顿，以毫秒为计量单位。**双括号**表示解译者对此处发生的行为做出的标注。这些内容可以在录像中观察到，但是没有通过言语出声表达。**中括号**代表里面的内容与下一行中括号的内容是同时发生的。例如，第 6 行中的"不"以及第 7 行中病人回应的"不是这样"是同时发生的。那些**在度数标识（°）内的内容**（如第 12—13 行，°我认为……好了一些°）表示，与其他发言相比，此处的语音强度较低。词语或是字母后面的**连接号**表示说话者打断了自己叙述的语流，而 .mtl 代表着一阵刺耳的声音。L 表示医生，P 表示患者[1]。

---

[1] L 全称为 læge，即丹麦语当中的医生；P 代表 patient，即患者。——译者注

在下面的摘录3之前，患者与医生谈论到患者当前服用的抗抑郁药带来的副作用。

摘录3：

1	L:	在性方面有副作用吗
2		（0.8）
3	P:	.mtl（0.8）没有我也不认为是（（摇头））
4	L:	没有（（摇头））
5		（1.3）
6	L:	不是这样（.）［不　　　　］
7	P:	［不是这样］没有-没有什么-（0.7）
8		（（摇头））°s-不[1]
9		［没有什么我认为是］（0.8）是重要的°
10	L:	［（（摇头））　］
11	L:	°没有°
12	P:	°我认为更重要的是嗯（.）（（点头））
13		［嗯我能感觉到］我好了一些°
14	L:	［（（点头））］

---

[1] 原文为"°s-nej"，表示说话者起初想说一个s开头的单词（根据对话上下文推测应该是"sådan"，中文意思是"这样"），但是没有说完整就自己打断，说了另一个单词，即连接号后的"不（nej）"。——译者注

| 15 | L: | °是° |
| 16 | P: | 但唯一我在想的是 |

在第2行一个短暂的停顿之后,患者对医生在第1行所提的问题给出了否定的回答,即她并不认为在自己服用的抗抑郁症药物有性功能方面的副作用。动词"认为"与有无副作用相联系,包括第2行医生的问题之后的停顿,很可能暗示了这个否定的回答并不尽然。这一点我们可以在第5行得到验证。医生对患者的回答给出了反射的回应之后,出现了一个停顿。医生并没有提出可能将会话引入新的方向的问题,而很明显给了患者机会去对自己的回复进行深入表述。患者并没有将话轮接下去,而是表现出沉默,此时医生再次接下话轮,在第6行中用了一个简短的陈述"不是这样",来鼓励患者对她认为没有产生副作用进行说明。患者接受了这个鼓励,打断了医生的陈述并继续说明关于副作用的内容。这一部分的话语说明,医生感觉患者最初给出的关于副作用的回复并不明确,或者说是有问题的。我们并不知道,医生的这个理解是有意识的还是基于内隐心智化的,但我们能够证明,医生对患者给出的语言信号是敏感的。

患者在第7行当中回答"没有什么"之后,停顿了一下并摇了摇头。这个摇头的躯体活动在第10行中得到了镜像反射,当患者继续表达时，医生也摇了摇头。这里的镜像反射可以看作医生对患者的心理状态所做的内隐心智化。当患者在第7行中打断医生时，她先是对医生的话语进行了精确的反射，用"不是这样"开启了话轮，然后做了一个自我修正并以"没有什么"作为开场。我在这个摘录中关注的是医生的镜像反射，但有趣的是，医生完成了镜像反射，患者也进行了反射。我们能够观察到，在第8和第9行中，患者将自己的声音强度降低，医生也随后在第11行降低了自己的声音强度。因此，我们再次看到，医生对患者的互动行为进行了反射，这一次涉及了声音的方面。在第12—13行，患者对自己的情况进行阐述，并暗示药物也许产生了性功能方面的副作用，但与之相比更重要的是，药物使她感觉好了一些。换言之，医生的感觉得到了验证——她对患者的理解是正确的，患者对性功能方面的副作用的否定答案需要被修改。第12—13行患者的声音强度降低了，医生在第15行的反射也反映了这一点。患者在继续表达的时候点头，我们在第14行中也看到医生对这个躯体行为进行了反射。如果镜像反射是内隐心智化的表现，那么我们可以说，这位医生是在进行内隐心智化。

基于理论和上述实证研究，在对医生与抑郁症患者的互动行为进行研究时，我们认为：通过研究镜像反射行为，我们能够考察内隐心智化。显然，我们会想问，是否还有其他方式揭露内隐心智化，因为它总是出现在人们的会话中。正如我在第3章中提到的，人们在交谈中话轮转换的能力正是内隐心智化的一个例子。我们很容易知道在什么时候他人的表述会结束，而轮到我们进行表述。基于这一点，也许人们还可以认为，话轮交接时所出现的种种现象，如交谈中的人们的话落话起，也是内隐心智化的一种表现。例如在摘录3当中，医生在第5行选择停顿，而非开启一个新的话题。这个选择可以看作一个镜像反射，因为医生透过内隐的理解，认为患者给出的答案很模糊。当然，也有可能医生已经有时间对患者的心理状态进行反思，从而表现出来的是外显心智化。重要的是，我们的互动非常迅速。停顿采用的是微秒的形式，并不总是能够引发对会话中的问题——包括心理层面——的意识。因此，正如心智化理论所述，一个极大的可能性是，得知什么时候轮到我们接下话轮不仅是一种能力，而且包含了我们对他人的心理状态产生的直觉理解。几种不同类型的互动话轮关系或许可以——从时间的视角——以相同的方式来考量，例如，我们知道什么时候不该接下话轮，尽管从会话技术上来说可以。相应地，我在一篇文章中论述了所谓"**预先抓住的完成形式**"的现象，这种现象描述了我们补充完成他人句子的倾向及能力——有时这可以看作内隐心智化活动的一种表现形式（Fogtmann 2011）。总之，我认为，或多或少可以系统地确定一些现象，作为会话关系中发生的内隐心智化的表现。因此,我相信在进行内隐心智化活动的研究时,引入来自对话分析研究的知识和见解能够产生积极的作用。

人们可以对上述建议进行验证和进一步研究吗?如果医生没有在第5行使用停顿,又或是在第6行中通过给患者建议来鼓励她更多地表达自己,我们要如何探索此时医生是否存在对患者心理状态的直觉的无意识理解?当我们只拥有这个咨询片段时,回答是否定的。在这种情况下,我们只能看见医生做了什么,然后尝试性地去描述她的行为可能表达了什么样的理解内容。

然而,我们可以采用一种"**再听法**"(Hermann 2005)来研究,在咨询的某些既定时刻,医生是否对患者的情绪和认知状态拥有有意识的体验。"再听法"在很大程度上与**磁带辅助记忆**(tape-assisted recall, Buszewicz m.fl. 2006)或**视频激发评论**(video stimulated comments, Pomerantz 2005)的方法是一致的。通常在希望深入探索——无法直接从对话者的行为中推断——会话中产生的理解的时候,人们会使用这种方法。这个方法的目标是,让参与会话的人对会话中发生的事情进行回忆,而这正是作为分析者的我们对分析其理解内容感兴趣的原因所在。采用这个方法时,第一个会话被称作事件1,我们需要对事件1进行视频或音频录制。在这之后,建立事件2——

事件1的会话者们需要接触（部分）视频/音频，即播放事件1的视频或音频，使会话者们能回忆并描述在事件1当中他们对自己及他人行为的理解。例如，如果摘录3中的医生听到或看到这段摘录，我们在后期对她进行采访时可以询问，她在第1—4行中是如何理解患者的。如果医生回答说，她记得当时在思考患者否认性功能方面的副作用是否表明患者没有说实话，在这种情况下，我们可以推测，这位医生对患者的心智化以及相应的行为（有意识地创造了一个让患者继续陈述的空间，并且没有引出新的话题，而是鼓励患者继续表达）证明在那时是外显心智化在发生作用。而若是这位医生不记得这个过程，那么很有可能是因为她当时的行为来自内隐心智化。

当然，人们也可能考虑是否存在评估的风险，即受访者在事件2当中的阐述是站在新的视角去解读旧的事件，受访者所表述的理解与当初在事件1发生时可能存在差异。因此，医生所陈述的理解，更像是再听时她认为自己**应该**产生的理解。另一方面，这种方法能够使人们对感兴趣的理解内容，即事件1当中发生的内容，进行沉浸体验。这个假设得到了学界的支持，如戈特曼（Gottman）和利文森（Levenson）发现，受访者再听时的生理反应（如心率、脉搏和汗水等），与事件1相同时间点的反应是一致的（Gottman & Levenson 1985）。这表明再听法能重新激活受访者的一些体验，因此，受访者很有可能在再听的过程中重新激活在事件1当中对具体内容的理解。

因此我们可以说，心智化能力是能够被评估的。但是，考虑到心智化的情境性、关系性及多维度的特点，我们尚无法确定考察这些能力的最佳方式。我们需要更加动态的方法来捕捉和评估人类心智化能力的多个方面。因此我们还需要持续进行大量挑战性的工作。

第 7 章

心智化在临床外的应用

在之前的章节中,我将焦点放在了心智化作为人类一般能力的问题上。我们生来就做好了发展这种能力的准备,这种发展在很大程度上是由我们所处的环境以及主要照顾者创造的,取决于他们与我们接触以及互动的方式。同时,这个能力贯穿了人的一生,随情境始终伴随着我们,根据我们的互动对象和情绪状态而变化。因此,无论从发展的视角还是在人生的各个时期,我们所处的关系对心智化能力的运作都至关重要。然而,心智化能力与关系之间的连接比我们想象中的更紧密:我在前面的章节中不断论证,这种能力的特点如何带来社交结果,以及它在我们与他人建立关系时的重要性。在这一章中,我将把重点放在心智化能力与社交关系以及沟通情况的内在关联上。我关注心智化在治疗环境之外所存在的可能性,即将这个概念应用到非治疗性质的专业沟通情境。

在本章中,我将重点讨论心智化在特定专业背景下的沟通实践：教学实践中的沟通、领导与员工的沟通以及健康专业人员与患者之间的沟通。这三种情况下的沟通有着相似的地方，即专业人员（如教师、领导以及健康专业人员）对于交谈的另一方（学生、员工以及患者）有着特殊的意义。这些专业人员对另一方的生活有重要的影响。后者需要学习、发展、成长、执行（任务）或应付身体或心理上的问题。而专业人士必须帮助他们实现目标。这种责任对探索专业人士将心比心的能力的合理性与可能性提出了要求。

和平学校项目

在临床实践外应用心智化的项目中，S. 特威姆洛（Stuart Twemlow）的"和平学校项目"是最值得关注的（Twemlow m.fl. 2001; Twemlow m.fl. 2012）。这个项目目前已在美国9所不同的学校开展，目的是通过在校内学生和教职工当中创造心智化的环境，来减少校园暴力与欺凌。该项目基于一个所谓的"程序哲学"理念，即关于心智化环境如何发展的指导方针。这个理念包含了一些因素，每个因素都有助于心智化环境的建立。例如，有一个因素被称作**课堂管控**。这个因素主张，课堂过程中任何影响教学活动的行为都被看作**整个**班级的问题，这种情况下必须停止教学活动。项目关注的是行为背后的原因。

重点并不在于惩罚课堂上实施破坏行为的学生,而是理解行为背后的原因,并让学生们明白,他的行为将如何对教师和其他学生产生影响。因此,惩罚与责骂并不属于"和平学校"课堂管控的内容。如果同一个孩子反复表现出破坏性的行为,学校就会让父母参与进来。父母在与学校的会面中也需要尝试进行心智化。作者选择用"程序**哲学**"[1]的方式来设计这个项目,是出于这样一个愿望:通过在环境中建立一些隐含的约定来鼓励心智化。不是强迫或禁止,而是改变观念,使之适应将要实行该项目的社会环境中现存的思维方式。

研究者在文献中描述这个项目时,通常会以一个有问题的师生关系的插图开始。这些问题会不断升级,一是因为学生在成长过程中形成了不良心智化,二是由于教师在紧张的状态下失去了这方面的能力。教师被学生的行为激怒,在唤醒状态下,她无法对学生进行心智化。因此,教师的想法被"上了锁",她无法想象还可以从其他角度来解读学生的行为。在这类情况中心智化能力的缺失,也是因为受到社会系统(即她所在的学校)的普遍经验的影响。因此,心智化能力不只受到早期依恋关系以及教师与互动者之间关系的影响。在学校的教育

---

[1] 在段落中可理解为项目理念,原书中使用"程序哲学"一词,意在突出"和平学校项目"是一个有架构有理念的项目。——译者注

实践中，教师的角色还受到相关的制度与条件的影响。教师和治疗师一样，并不是只面对学生（或病人），而是在一种更复杂的环境中工作，所有的条件都会影响她的心智化能力。

作者想通过这些片段展示，处理学生问题的方法并不是将他们赶出教室去做心理治疗。相应地，作者尝试说明，一个不幸的团体和权力动态是如何建立的。这种情况下，教师变成了受害者，使自己以受害者的角色思考——她变得顺从、感到被胁迫以及权力的丧失。为了消除这些权力和团体动力，整个团体必须参与其中。所以我们必须考虑整个班级，关注（这个团体中）其他人的心理。因此，必须花时间反思自我及他人行为背后的心理状态。正是在这个背景下，程序哲学贯穿了整个项目的实施。

这个项目的陈述涉及了心智化理论的心理动力根源。例如，项目引入了温尼科特"足够好的母亲"的理论（见本书第4章），关于母亲能够对孩子及其需求和冲动给出适当的回应。这种回应包括建立一个环境，让孩子能够学习适应冲动、容纳矛盾并培养对他人的关心。根据特威姆洛等人（2002）的描述，这样的环境将有利于在学校背景下建立**足够好的教学**（good enough teaching）。整合攻击性的行为并教育孩子适应这些行为，对于创造安全的环境、进而促进教学，是至关重要的，因为自由流动的攻击性会创造出不安全的校园环境。在心理动力学的框架内，不可能通过制度的禁止和镇压就使攻击行为消失。因此，足够好的教学旨在确保学生持续发展处理自己内在状态的能力。教师既要保持对自己涵容性功能的意识，又要关注到孩子们所面临的不同的发展性挑战。通过这种方式，教师可以帮助孩子在社交环境中增强自我管控能力。因此，学校能够在孩子持续进行的内化过程中发挥作用，促成前文所述的情绪调节过程。教师和学生都被看作有依恋需求的独立个体，而学校通过创造环境来满足个体的依恋需求。

在和平学校项目中，研究者将参与该项目的学校与未参与的学校进行了对比。结果显示，在提倡心智化环境的学校，学生和教师的"受害者"经历和攻击行为都有所减少。也就是说，与权力相关的心理动力已经有所改变。因此，和平学校项目揭示了这样一个可能性：在临床外的专业关系与互动中，同样有机会进行心智化实践。

丹麦在临床外应用心智化的经验

在丹麦，同样有研究者对临床场景外的心智化进行了探索。例如：

- P. L. 巴克（Poul Lundgaard Bak），沟通与残障学院主任医师，丹麦中部地区

- S. A. 马德森（Svend Aage Madsen），哥本哈根大学医院首席心理学家，哥本哈根地区
- T. 海因斯库（Torben Heinskou），斯托尔佩加心理治疗中心主任医师，首都大区精神病学中心；领导者与咨询教育顾问，哥本哈根社会团体分析学院

根据我与这三位研究者的访谈，在接下来的段落中，我将描述他们如何看待心智化从临床概念转向非临床的专业沟通情境所带来的机会与挑战。他们三位都撰写过在特定实践领域中应用心智化的文献（Beck & Heinskou 2012; Madsen & Munk 2011; Bak 2007, 2012）。这些文献在类型和内容上各不相同，但在不同程度上描述了心智化概念是如何被操作化的，以及在既定实践领域中对心智化应用的理论反思。接下来，我将只引用那些能够帮助构建框架并深入说明访谈观点的文献。此外，我鼓励读者自行搜索这些被引用的文献。

健康沟通中的心智化应用

2011年，马德森在哥本哈根大学医院主持了"关系能力——提升与癌症患者工作的医护人员的关系能力的方法"项目。该项目源自抗击癌症的非营利性组织的一项研究：1500位

第7章 心智化在临床外的应用

丹麦的癌症患者在与治疗系统及医护人员会面时的体验，以及他们对改善会面的需求和期望（Grønvold m.fl. 2006）。研究显示，一半以上的患者遇到了下列问题：
- 是否被视为个体
- 愿望和主张是否被认真对待
- 是否得到了更好的心理支持

在该项目中，关系能力被定义为"……对患者个体的心理过程感同身受"的能力（Madsen & Munk 2011: 6）。无论是这个一般性定义，还是在确定特定关系能力的背后，心智化都位于理论的中心。关系能力是指（医护）工作人员能够反思并认可患者的观点、感受和态度，在此基础上对患者进行引导，并延伸和思考在与患者的关系中自身的功能。从任何角度来看，它都与本书描述的心智化概念及心智化态度是一致的。马德森和芒克（Munk）在2011年写道：

> 在心智化实践中，专业人员需要始终与患者以及自己的想法和感受保持联结，并能在其发生时进行讨论。其中很重要的一点是，该人员能够区分事物本身的样子以及它们呈现出来的样子……最后，认识到不同的人对同一件事的感受是有差异的，这也很重要，尤其是在这样一个由患者、医护人员和亲属组成的三

角关系中。(Madsen & Munk 2011: 9)

这个关系项目由五个子项目组成，每个子项目的员工需要接受对应实践领域的督导和教学。马德森负责的部分是提高为男性癌症患者工作的护士的关系能力。该项目的背景是：男性癌症患者有着特殊的需求，因此对需要与他们沟通病情的健康专业人员提出了特殊要求。在为期3个月的培训中，通过4次每次4小时的课程，马德森重点讨论了男性患者及护士的心智化技能的问题。

马德森指出，在接受了心智化训练后，护士需要把注意力集中在患者身上，并且对患者的反应（通常与护士自己的反应不同）抱有开放性的态度。他解释道：

> 我主要想说的一点是：要帮助那些与我们不同的人是最困难的。男性患者在得到严重诊断的时候，通常会表现出退缩的样子，他们会坐在哥本哈根大学医院前面的座椅上，凝望着天空。我问护士，"如果是你，你会怎么做？"护士也许会回答说："我会在下电梯的时候连发六条短信并做四个邀约"[1]。护士接受的

---

[1] 护士的回答体现了个体在面对相同严重程度的诊断时做出的不同反应。——译者注

第7章 心智化在临床外的应用 | 145

培训是通过理解患者的行为根源——他们此刻的内心状态背后的原因——来理解他们的反应。而不仅仅是对当前事件有一个假设或规范。这对于关系能力是十分重要的。(引用来自2013年9月的访谈)

在课程培训日有一个案例工作,这时护士们可以给出日常工作中的案例。在马德森看来,这个环节十分重要,因为在这个阶段,护士们能够聚焦在自己与患者之间具体的行为差异上。也正是在这个阶段,护士能够保持对男性患者行为的心智化。这种心智化与对当前事件进行简单假设的情况截然不同,也区别于由于存在护士视角的内隐行为规范,而对不符合规范的患者行为感到愤怒的情况。因此,护士们对于自身反应的反思也得到了提升。

向护士们介绍应该如何理解男性患者时,马德森也解释了人们对男性患者的刻板印象。在被问及如何将(刻板印象)这种概括性的陈述与心智化理论的基本理念相结合的时候,他回答:

当我谈论(那个)男患者时,我把刻板印象放在了反思的前面。是的,这是与心智化相反的行为。除非它能够创造反思。但是,刻板印象是可以引起反思的。例如,护士们能够反思自己在性别问题上的经历。我们对异性的认识,很大程度上源自我们与异性

的亲密关系。因此，我在培训中请护士们在接触男性患者时，提醒自己五次："他不是我的丈夫"！。（出处同前）

但是，不仅是护士的心智化能力有所提升，在这个过程中，男性患者的心智化能力也会同步得到训练。马德森说道：

> 我建议护士们在与男性患者对话时，非常清晰地告诉他们"我并不了解你的感受"。当她们做到这一点时，也会对患者有所帮助。男性患者通常不会自行讲述自己的感受，但如果护士开始进行一个心智化活动，通常情况下对方也会跟随。这个时候，护士必须准备好回应随之而来的心智化。（出处同前）

事实证明，除了关系能力项目之外，马德森在其他场景中也会应用到心智化的概念。除了临床场景中基于心智化的工作（如对产后抑郁的父亲进行心理治疗），在他每周对护理重症监护室儿童的护士进行督导时，心智化也占据着中心位置。心智化反思主要是针对家庭，因为父母的反应往往与护士的不同。当护士们要给不同的家庭提供帮助时，认识和理解每个家庭的不同反应是很重要的。在这个基础上，护士才能够相应地建立起安全感。马德森说：

当护士们与这些家庭一起工作时,她们需要处理这样一个问题:我们如何在这些家庭现有的条件下给他们提供帮助?我们知道,当人们(例如这些家庭)处于危机时,他们的表现比安全的情况下要死板许多。因此,很重要的一点是,我们要反思如何使他们感到更安全,并且,可能的话,更能保持心智化以更好地理解自己的孩子。如果处于一种害怕又焦虑的状态,那么他们是无法给予彼此帮助的。(出处同前)

因此,护士的督导旨在从家庭的角度出发,尝试理解他们的行为及反应,而不是对他们的反应方式感到困惑或沮丧。但是,在马德森看来,心智化督导以及安全感的建立也涉及护士对自身的关注:

这些年轻的护士可能面临着医疗护理中最困难的问题。这正是为何我们一直要讨论以下问题:你在这里(的工作)是什么样的?对此你有什么感受?你自己的状态如何?如果你一直认为患者和家属在一些事情上是错的,你会如何对待他们?(出处同前)

因此,对护士自身的关注,包括让她谈论与病患儿童工作是一种什么样的体验,进而让她有机会觉察自身的心理状态。

用马德森的话来说,只有通过这种方式,护士和患者才能进入一个心智化和安全的环境。

但是,是否存在这样的风险:在与重症患者互动时,进行心智化的护士启动了她无法处理的情境?马德森对此给出了明确的答案:

> 不,这个说法已经过时了——除非患者有很严重的创伤。用语言的形式谈论事件,对大多数人来说是有益的——这也是心智化理论的观点。比如,当人们将愤怒和焦虑转化为语言进行处理时,就对其制定了界限。与患者交谈本身就是一种帮助。每次通过语言表达出来,都比不做要好。(出处同前)

在Madsen看来,在工作中使用心智化的主要挑战在于,我们很难测量对患者的影响,包括在护士接受心智化培训的前后,患者对护士行为差异的体验。在关系能力项目中,项目人员评估了患者在医护人员培训前后所说的话。开始的时候,患者的满意度很高,到了后面依然如此,因此研究者没有检测到任何变化。马德森补充到,患者的满意度普遍很高,因为患者是在出院的时候接受采访,此时他们通常会感到很轻松。

从医护人员的角度来看,心智化概念的引入是成功的。根据马德森和芒克(2011)的记录,课程结束三个月后,研究者邀请五位护士参与了焦点小组访谈，作为对该课程的评估。访谈对受访者的心智化水平进行了评估。基于对护士话语的解码，研究者们分析了护士的反应是否反映出心智化的反思，即"……课程内容如何影响她们的实践，以及她们将实践应用于男性患者的方式"（Madsen & Munk 2011: 49）。换言之，该评估的重点是，护士陈述的内容是否表现出高水平的反思功能（如第6章所述）。正如下面的引用，高水平的反思功能可以表现为"……我常在想，处理问题的时候，我们常常对患者的表现感到沮丧，而无法关注他们的行为反应以及所思所想并理解这些表现背后的原因。我认为这是培训课程带给我的（新的视角）"（出处同前）。在上面的引用中，护士清晰地表达了她的看法：她没有给患者情绪化的未经反思的回应，而是对患者的状态进行反思，并考虑到心理状态的不透明性，患者可能有特殊的原因才会表现出这种行为。这个访谈表明，护士的心智化能够通过针对心智化的培训课程得到改善。

管理及组织实践中的心智化应用

在哥本哈根社会团体分析学院，海因斯库曾为心理学和精神病学治疗师进行过心智化培训。他的重点是，治疗师的心智化能力受到组织内与同事和患者相关的日常工作的影响。这个项目背后的核心假设是，如果患者对治疗师来说是巨大的挑战，例如当治疗师在工作中感到被侵犯或是轻视时，那么他们的心智化能力便会受到很大的压力。因此，课程有这样一个目的，即让参与者反思，患者及组织带来的压力对自己有什么影响，在这当中包含着移情与反移情。海因斯库举了这样一个例子：

> 当我与小组成员坐在一起时，我们谈论道："你在什么时候（情绪）会被触发？在什么情况下（或什么时候）你感觉到自己被唤醒？你当时产生了什么样的情绪？"参与者们会这么回答："是的，我的反应非常激烈，会开始大喊大叫。"我问道："好的，那么是（发生了）什么，使你开始大声喊叫呢？你认为什么样的信号是来自对方的？有没有可能是另一种信号激怒了你，而不是你意识到的这种？"我正是这样持续地对心智化进行工作："你认为当他看到你表达愤怒并用文件猛砸桌子的时候，他会怎么想？有没有可能通过另一种方式去思考，例如当你气急败坏地回家后，别人对事件的理解与你的理解并不一样？"（引用来自2013年9月的访谈）

因此，这些问题旨在让参与者从新的或另外的角度去看待并理解相关事件。在海因斯库看来，这样的培训课程也能够被其他部门和没有从事治疗师工作的雇员们所应用。海因斯库举办了一个三到五天的培训，培训的参加者包括来自不同公司的高层和中层管理人员、核心员工以及咨询顾问。培训的目标也是探究学员日常生活中的心智化，并反思培训时发生的事。与治疗师的培训一样，学员们将日常生活带入小组，在这里对他们所表现的心智化缺陷及心智化技能进行详细研究。

贝克（Beck）和海因斯库在2012年的文献中解释了，领导者拥有的良好的心智化能力如何帮助他们对员工产生更深入的认识以及深刻的理解。员工的**外在**表现能够被领导者细微地感受到，因为领导者对他们行为和态度背后的心理状态进行了反思。尤其是在变化的过程中，员工很容易产生心理防御，此时领导者的心智化能力尤为重要。若是领导者尝试着去理解员工的情况，并且让他们在理解的基础上灵活工作，那么就可以避免简单的两极分化——某些方面未经反思和好奇而被理想化，其他方面的价值则被贬低了。

然而，根据海因斯库的研究，心智化并不仅仅与领导者以及领导者面对员工时采用的方式相关，还与团体和组织的运行方式相关。团体和团体机制方面的假设，是海因斯库受到塔维斯托克（Tavistock）模式、比昂以及心理学家 M. 尼特森（Morris Nitsun）和他提出的关于反团体的思想（Nitsun 1996）的启发而提出的。海因斯库认为，心智化理论的中心地位，尤其体现在人们如何理解并根据这些假设采取行动。这个观点并不在我要表述的范围，然而，我要提及的是，塔维斯托克模式是基于比昂的思想，将团体空间视为探索团体动力和过程的车间或实验室。根据尼特森（1996）的说法，反团体是他用来描述那些威胁治疗团体的破坏性过程的概念。但在试图理解治疗空间内的团体过程时，尼特森并未找到足够的论据或解释。根据自己的团体治疗经验，尼特森注意到团体中充满着不和谐，而这些不和谐在团体中循环发展：对团体的潜在阻抗会给整个团体带来消极的感受，这些感受强化了阻抗并且让成员产生厌恶感。这种反团体的力量有可能导致团体无法继续进行甚至面临瓦解。尼特森不希望让建设性和破坏性的力量对立，而是研究这两股力量如何共存。与此同时，尼特森还认为反团体存在于治疗空间之外的现实中。他指出，反团体的力量在不同的文化领域、组织、家庭以及其他社会团体中都运作着（Nitsun 1996）。

根据海因斯库的说法，反团体将会破坏团体内的沟通，使成员很难围绕小组的主要任务进行协作。海因斯库指出，反团体所引发的一些现象可以被视作心智化概念中的前心智化模式。他解释道：

> 尼特森并未使用心智化的概念，但在《反团体》（*the Anti Group*）一书中，他描述的大部分内容基本

第7章 心智化在临床外的应用

上都与心智化失败有关。可以对其进行这样的归类：这是一个偏离轨道的虚构世界，一个包含了前心智化因素的虚构世界。（出处同前）

海因斯库认为，在各种团体和组织环境中，都可以找到前心智化的形式。根据他的说法，当参与者或员工在这些模式下工作时，他们合作的任务将难以解决：

> 我认为，为了保持在解决主要问题的轨道上，我们在组织中必须保持心智化的能力，否则便会进入基础假设或是反团体的情况，而这会在我们所在的大团体中引发破坏性的因素。为了避免陷入基础假设或是反团体中，我们必须时刻保持灵活性和探索性，因此需要进行心智化。（出处同前）

海因斯库在哥本哈根社会团体分析学院开设课程，专注于领导者的心智化能力和心智化失败，他的想法是，领导者回到自己的公司或机构后，可以作为一种榜样。在理想的状态下，那些已经获得的心智化能力应当被保持，并在工作环境中促成心智化氛围的形成。海因斯库对此进一步阐述道：

> 如果领导者表现出更多的包容，在没有出现前心智化状态的前提下，他就能更好地领导工作，并且避

免破坏性关系的建立。领导者将更能注意到环境中正在发生的事，并进行有效反思。领导者可能会注意到：这里我们又进行了心理等同，或是我们又在用理智化的方式看待事物。他能够对事件进行反思并询问为何（事情）会发生，并且能够建议以一种批判性的观点去挑战先入为主的观念和僵化的思想——认为事情只能从一个角度理解。领导者正是需要对这种事情保持敏锐和专注。（出处同前）

在海因斯库看来，领导者所接受的是一种反思性练习。根据心智化理论，人们可以使用增强反思过程的方式对事件进行反思。因此，课程提供了反思的方式，例如观察前心智化以及理解唤醒如何使我们做出反应。

海因斯库还强调了团体环境中依恋关系的重要性：

依恋与心智化在理论上是一种相辅相成的关系。心智化必须以安全依恋为前提，但同时心智化的发展又能够促进依恋。我们可以这样理解，如果一个工作小组设法发展心智化能力，那么他们也能够更好地相互依恋，即拥有更高的团队凝聚力。这样不但可以提高小组成员的工作表现，还可以改善工作环境。（出处同前）

第 7 章 心智化在临床外的应用

贝克和海因斯库在2012年的文章中保留了依恋理论的观点,即某些**心理潜能**能够塑造组织的发展。这些潜能与每个员工带入组织的依恋模式有关。然而,不仅是员工们固有的依恋模式,员工之间能够发展的依恋关系对公司的心理潜力也十分重要。因此,在组织框架中,良好的心智化能力不仅与每个员工带来的东西有关,还与组织中建立起来的依恋模式相关。与此同时,依恋模式也使锻炼心智化能力成为了可能。正如贝克和海因斯库(2012)写道:

> 我们从基于心智化的心理治疗中得知,心智化能力是可以锻炼的[……]这需要相关的动机以及安全的环境,以确保依恋的基本条件,而依恋正是发展心智化能力的基础。(Beck & Heinskou 2012: 193)

然而,接受过心智化训练的领导者,是否就不会陷入这样一种情境,即他在员工身上激发了一些自己无法应付的状况?海因斯库在采访中回答,他并没有遇见过这样的情况,但也不否认这种情况发生的可能性。至于是否所有人都能进行他对领导者所做的干预,他认为,干预的操作者最好来自心理治疗或精神病学领域,这样他们可以基于经验知道,培训的参与者什么时候能够被塑造[1]。海因斯库进一步指出，在组织生活中，心智化并不总是焦点：组织行为与心智化应当能够灵活地互补。他指出，因此，有时人们应该把焦点放在行为上，而另一些时候则应当更多地考虑探索反思性的心智化。

根据海因斯库的说法，如果要进行适当的研究并评估培训课程的效果，就应当采用反思功能手册来测量（如第6章所述）。但反思功能手册在使用时很耗时，也很难付诸实践。不过，他仍然认为，将心智化的概念应用到管理和组织环境中是很有意义的，至少他对于在这个领域继续进行领导力与心智化的工作十分重视。因此，与这项工作相关的理论反思始终是海因斯库感兴趣的领域。

---

[1] 作者在原文中采用了隐喻"hvornår jernet er for varmt, og hvornår jernet er for koldt"。句子原意是指：何时铁的温度过热或是过冷。此句的引申义为，何时是合适的打铁时机。将其应用在领导者的心智化能力方面即，（有经验的干预者）能够基于经验找到锻炼领导者心智化能力的合适时机。——译者注

教育实践中的心智化应用

2007年，当巴克被聘用为丹麦奥胡斯市儿童健康知识中心的负责人时，他有志于改变教育环境中存在的"指责式"[1]思维方式。在这个问题上，心智化被证明是一个至关重要的概念：

> 我的体会是，心智化就是我寻找了多年的那个核心概念。它不仅有着完善的理论根基以及经验知识，而且有着初期的临床研究结果。特别是在关于边缘型人格的心理治疗的研究上，取得了令人瞩目的成果，而这些成果来自非常密集的治疗工作。（引用来自2013年5月的访谈）

巴克并未将心智化在临床干预上的强度完全转移到教育背景下基于心智化的干预工作，我们称之为心理教育干预。干预背后的假设是，周围的心智化环境中很小的变化都有可能对孩子的心理健康产生重大的影响。因此，心智化环境被认为能够增加孩子的幸福感（Bak 2012）。

---

[1] 原文中使用了"Løftet pegefinger-tankegang"。这一丹麦俚语原意是指"举起食指"，在此引申为进行书面警告以及提出改进办法。——译者注

巴克建立的第一个项目是"当下的思想",后来改名为"关于思想的思想"。在奥胡斯市政府网站健康与幸福感部门的菜单下,可以找到项目的材料链接。这份材料一共有74页,网页上的描述是"针对与孩子相关的成年人,包含父母与专业人士"。

巴克解释道,心智化培训最初是为市政系统中的员工设计的。随后,巴克在多所学校为孩子及家长举办了关于"有心理弹性的孩子"的讲座。他对这些讲座是这么评价的:

> 讲座很受欢迎。有250~300人参加了讲座,包括教职人员和家长。我在讲座中谈论了心理弹性以及如何培养有心理弹性的孩子。孩子需要弹性来应对日常生活中的挑战,并度过人生中更大的挑战:那些会带来痛苦的疼痛、疾病与丧失。除此之外,孩子还需要弹性去抵御那些无益的诱惑。我在讲述这些的时候,家长们意识到了培养孩子心理弹性的重要性。(出处同前)

巴克对许多人进行了大规模的心智化工作,但并没有采用密集干预。他将心智化带入了普通市民的日常生活,远离了大学研究室或精神科诊疗室。心智化的概念并没有直接出现,而是被称作"关怀"和"心理弹性"。根据巴克的说法,学术概念的使用会导致参与者减少。这就是为何他一直在努力寻找一个能与他想涉及的人群产生共鸣的、能够代替心智化这一学术概念的表述。他希望实现心智化概念在日常语言中的使用。另外,巴克说,"关于思想的思想"这个概念蕴含着一个有趣的双重意义:一方面,它是关于"想法"的;另一方面,它也包含着付诸努力对想法进行"思考"的意思。而心理弹性则与心智化能力紧密相关。他解释道:

> 要创造心理弹性,首先要有能力进行心智化。如果我能心智化,意味着我能够控制并反思我所处的关系中发生了什么。我能够有更好的机会和能力去寻找解决问题的办法,而不是在困境中陷入恐慌。我的沟通能力会越来越强。因此,从神经心理学的层面来说,心智化可能是心理弹性的先决条件。(出处同前)

这份研发材料并未涉及治疗方法的实现,而更像是一份心理健康教育方案。材料的目标是增加人们的好奇心、提高了解自我和他人的欲望,并激发心智化方法以及心智化环境。在巴克看来,这份材料并不是针对特别脆弱的人群,而是面向整体以及我们共同生活的环境。心理教育干预与父母培训、校园霸凌政策或孩子的药物治疗等不存在竞争。因此,它并不会威胁到其他干预。

心理弹性的课程及讲座介绍了一些基本概念,如"警报大脑"/"警报系统"以及"思维大脑"。这些概念的介绍中也包含了发展心理学的视角，因为适用于婴儿的机制也适用于年龄较大的孩子。巴克解释道：

> "警报大脑"很擅长学习。当人们在照顾一个尖叫的孩子时，作为父母自然会去安慰他。当一个幼小的孩子感到不自在，但是看到其他人对此很平静时，那么大脑就会学习到，这个情况并没有那么糟糕。因此，孩子从中学会了容忍自己的感受。相反，如果成人对发生的状况表现出愤怒，那么孩子会发现自己面临着双重危险的情况。我们通过表现出来的行为，不断调动孩子"警报系统"的感受。并且，这种情况涉及的不只有年幼的孩子。例如，一个年龄稍大的孩子从课后俱乐部回到家，他的脸色发黄、脸颊上有淤青和血迹，如果这时父亲冷静下来对他说"让我们来谈谈是怎么回事"，孩子的警报程度就会下降。孩子的"思维大脑"便被激活，并且将保持着注意力。如果相反，父亲拿起电话打给学校的教师，当着孩子的面将教师怒骂一通，孩子的警报程度就会被上调。（出处同前）

培训的学员或者讲座的听众是在了解心智化，还是在学着进行心智化?巴克的反思表明,情况或许没那么简单。他教他们关于心智化的知识,因此他们会变得好奇。他特别教授的是,大脑内部以及人与人之间发生着什么,尤其是当情况发生变化或事态升级时。这些知识使人们感到好奇,因此他们会继续探索自己的想法,或者是进入心理弹性的项目,去学习更多内容,心智化的能力因此得到了发展。心理弹性课程和讲座给参与的学员和听众提供了看待自己在不同情况下的行为的视角,使他们得到了一个能够解释行为原因的知识背景。巴克补充道:

> 心智化和心理弹性概念的好处是它们的应用很普遍。我们不会将任何人拒之门外。许多人在培训或讲座之后反馈,这些课程有助于消除罪恶感和羞耻感。例如,教育者或者是父母对孩子感到无能为力,知道自己表现出来的行为对与孩子的相处没有帮助。通过这个课程,他们能够理解,为何孩子有那样的行为表现,为何他们自己对于孩子的表现是那样的反应,以及为何有时他们和孩子的相处会产生问题。因为这就是大脑运作的方式,也是人类相处的方式。这些知识使得他们倍感欣慰。(出处同前)

巴克相信,心智化能力的增强能够使我们更善于沟通。但同时他也指出，目标并不是让人们一直进行心智化。在很多现实的情境下，心智化是不切实际的。心智化应该是这样一种能力：在需要的时候，我们能够运用它。

根据巴克的经验，在教育实践中引入心智化具有一定的效果。巴克从2014年开始参与的一系列项目正在这些效果进行系统和实证的检验。其中的一个项目是关于福利院的安置儿童。之所以选择这个群体，是因为这些孩子以及他们的照顾者都处于一种脆弱高压的风险状态。在这个项目中，12000名丹麦的安置儿童被分成两组，其中一半儿童以及他们的照顾者作为对照组（不接受干预），而另一半儿童以及照顾者接受心理教育干预的培训：他们可以访问研究专用的网站，那里有大量有关心智化能力的信息和练习。在干预之前，项目组邀请所有的儿童及成人完成一份与幸福感和压力水平有关的问卷。在网站上记录（访问）一年之后，受访者需要再次完成同样的问卷。

通过系统测量干预前后对照组和干预组的幸福感和压力水平并进行对比，研究者能够对干预效果进行检验。

心智化在三种不同实践中的应用

训练和实践心智化的态度——能够改变看事情的角度，能够意识到我们永远不会知道他人的感受，以及能够承认我们并不总是了解自己的行为背后的状态,这些都是心智化在以上三种实践中应用的相同点。事实证明,我们能够通过多种方式来锻炼心智化:通过与心智化有关的讲座、网络上的有关信息及练习的互动、团体教学、角色扮演和个案研究等。

另一个将这三种实践中的心智化工作整合在一起的因素,是因为坚持心智化源自发展心理学、心理动力学以及神经生物学的理论基础。尽管在前面的章节中,我将论述重点放在了心智化的不同方面(依恋、前心智化模式、神经系统、情绪调节、唤醒等),但当我们将心智化理论的多面性带离临床场景时,它在治疗之外的应用并不取决于具体的实践领域。马德森、海因斯库和巴克都证实,他们在治疗场景外的心智化工作都是基于心智化概念的理论基础而展开。该概念所依赖的理论复杂性因此得到了维持和持续探索。

心智化理论在不同实践中的第三个共同点是,专业人士的心智化能力训练通常有助于提高自身及互动中另一方的心理健康。这与心智化概念背后的理论是一致的,即专业人员的心智化态度能够激活互动中另一方的心智化。因此,心智化能力不仅被认为会影响我们相互理解的程度,进而影响我们能够与他人建立的关系;它对我们的心理健康也很重要。良好的心智化能力的运作,能在不同的专业沟通实践中减轻我们与互动对方的沟通压力和沮丧感。另外,访谈还表明,当心智化概念离开了临床领域，当我们不再讨论患者与治疗时，心智化可以在一个更大的文化或环境的视角下进行考虑。正如海因斯库在访谈中所说："当我们将心智化理论带到精神病学之外的空间时，能够看到那些被允许发展的'文化'将是非常有趣的"。因此，需要考虑的是，心智化在非临床实践中的应用是否只在以下场景中是有效的：当实践发展为心智化；当心智化的态度在既定实践或组织的内部发展，且与该领域相关的公民有关时。

第 8 章

结语——心智化的不同视角

　　心智化描述了人们数百年来尝试理解的活动——将心比心的活动。那么,心智化概念和理论的背后,是否还会有其他新的发现呢?越来越多基于心智化的治疗著作的出版,以及越来越多涉及更广泛的精神障碍治疗的文献都证明,在精神病学的背景下引入心智化的概念,能够帮助理解疾病的性质并改善治疗方法。因此,在临床场景下,心智化理论无疑为治疗增加了新的视角。

　　尽管心智化主要在临床领域具有核心地位,但同样重要的是,正如本书尝试说明的,心智化是人类的一种普遍能力,它可以揭示我们如何发展心理自我,对我们如何理解和建立与他人的关系至关重要。在心智化理论中,这一能力也被认为对心理弹性和心理健康有重要影响。心智化能够帮助个体克服创伤、维持和提升心理健康,进而为个体在这个世界中持续运转提供了可能。因此,心智化能力不仅在治疗空间内有重要作用，在所有的人际关系中，尤其是当人们希望增进理解并改善沟通状况、关系以及心理健康状态时，都有着重要的意义。这可能发生在第7章描述的专业实践案例中，也可能发生在更广泛的场景中。心智化的潜力是巨大的，因为该能力是动态并且持续变化的。正如在第4章中我们所阐明的那样，不仅主要照顾者在互动的过程中教会我们将心比心，这种学习在与他人接触和建立新的依恋关系的过程中也贯穿了我们的一生。当心智化能力被引入专业实践场景时，其动态性的方面也为深入研究提供了可能，不仅要了解既定条件下心智化是否发生以及如何发生，还要知道如何发挥这种能力，以增进理解、改善沟通并提高心理健康。

除此之外，心智化理论也给出了一个关于将心比心活动的精确陈述。通过阐明心智化是一种（到目前为止）由四个维度和八个极点组成的多维度结构，研究者可以具体描述每个人的心智化能力。因此，我们能够为个体做具体的心智化分析，阐明不同极点与个体心智化能力的关系（Luyten m.fl. 2012: 62）。同样，心智化理论突出了一个焦点，不仅关注这种能力如何发展成为个体的一种稳定倾向，还考虑到一种动态的情况，即能力的变化取决于我们所处的关系、心理状态以及我们可能经历的唤醒状态。因此，该理论还对能力的情境功能进行了精确的陈述。最后，心智化理论还给我们提供了一些相关概念，或多

第8章 结语——心智化的不同视角

或少能够帮助理解心智化活动，包括在非治疗场景中，例如，表现为心理等同模式和佯装模式的前心智化，或各种形式的伪心智化。当心智化的概念被用于非治疗情境下的心智化分析，又或者当我们希望提供干预来帮助提升心智化能力时，这些都有助于我们理解到底发生了什么。

当然，上述对本书优点的陈述和表达的观点并不意味着，研究和训练心智化行为以及建立心智化环境的工作是完全没有问题的。关于精确性和广泛性的描述也不代表心智化理论在任何情况下都是不容置疑的。许多人可能会认为，以众多理论为根源的心智化理论缺乏精确性的讨论。我希望补充的一点是，心智化理论的心理学基础非常清晰，但哲学基础尚不明确。

虽然在不同行业的实践中提高专业人士的心智化能力有着广阔前景，我仍然认为，基于心智化复杂且多维度的特点，寻找适当的方法对其进行评估是一个重要的挑战。为了考察我们实施的干预的效果，不仅要关注心智化对满意度和心理健康的影响，还要详细探究干预如何影响了心智化技能，例如，研究某些干预措施对心智化具体维度或极点的影响是否比其他干预更大，或是特威姆洛的程序哲学是否影响了其他维度，而不仅限于参与者在使用网站或参与案例教学时受到影响的维度。然而，这些都需要我们进一步完善研究心智化维度和极点的方法。相应地，当心智化概念被引入当前的实践环境时，如马德森、巴克和海因斯库所做的那样，开发揭示心智化能力的方法将有助于在实践中的应用，而不仅仅是通过一些方法来说明心理个体在访谈中如何**反思**自己和他人的行为。如果我们还考虑到，心智化不仅是人际的，也是个体内部的——对个体来说，它取决于对话者的心智化能力，那么能够在情境对话中揭示心智化，就有助于关注对话双方的心智化能力。这些方法将能够显示并证实，一个人的心智化能力如何根据另一个人的心智化水平发生情境性的变化。心智化也可以作为一种人际能力被精确研究。关于人与人之间对话中的心智化分析，会话与话语分析的语言学方法已经被证明是相关的。总之，为了适应文献中心智化复杂性日益增加的问题，为了使心智化作为人类的一般能力有机会进入各种专业实践环境，并带来领域的发展，还需要进行大量的工作来开发新的方法。

参考文献

Adolphs, R. m.fl. (2005). A Mechanism for Impaired Fear Recognition after Amygdala Damage. *Nature*, 433: 68-72.

Ainsworth, M.D.S. og S.M. Bell (1970). Attachment, Exploration, and Separation: Illustrated by the Behavior of One-Year-Olds in a Strange Situation. *Child Development*, 41 (1): 49-67.

Ainsworth, M.D.S. m.fl. (1978). *Patterns of Attachment: A Psychological Study of the Strange Situation*. Hillsdale: Lawrence Erlbaum.

Alexander, W.H. og J.W. Brown (2011). Medial Prefrontal Cortex as an Action-outcome Predictor. *Nature Neuroscience*, 14: 1338-1344.

Allen, J. (2009). "At mentalisere i praksis". I J. Allen, P. Fonagy og A. Bateman (red.), *Mentaliseringsbaseret behandling i teori og praksis*. København: Hans Reitzels Forlag: 17-45.

Allen, J., E. Bleiberg og H. Hopwood (2013). *Understanding Mentalizing. Mentalizing as a Compass for Treatment.*

Allen, J., P. Fonagy og A. Bateman (2010). *Mentalisering i klinisk praksis*. København: Hans Reitzels Forlag.

Babel, M.E. (2009). *Phonetic and Social Selectivity in Speech Accommodation* (PhD thesis). Berkeley: University of California.

Bahrick, L.E. og J.S. Watson (1985). Detection of Intermodal Proprioceptive-visual Contingency as a Basis of Self Perception in Infancy. *Developmental Psychology*, 21: 963-973.

Bak, P.L. (2012). "Thoughts in Mind". I N. Midgley og I. Vrouva (red.), *Minding the Child: Mentalization-based interventions with children, young people and their families*. New York: Routledge: 202-217.

Bak, P.L. (2007). *OmTanke. Praktisk viden om tanker og følelser og hjernen*.

Baron-Cohen, S. m.fl. (2008). "Social Cognition and Autism Spectrum Conditions". I C. Sharp, P. Fonagy og I. Goodyear (red.), *Social Cognition and Developmental Psychopathology*. Oxford: Oxford University Press: 29-56.

Baron-Cohen, S. m.fl. (1997). Another Advanced Test of Theory of Mind: Evidence from very high-functioning adults with autism or Asperger Syndrome. *Journal of Child Psychology and Psychiatry*, 38: 813-822.

Bateman, A og P. Fonagy (red.) (2012). *Handbook of Mentalizing in Mental Health Practice*. Arlington: American Psychiatric Publishing.

Bateman, A. og P. Fonagy (2006). *Mentalization-Based Treatment for Borderline Personality Disorder: A practical guide*. Oxford: Oxford University Press.

Bechara, A. og A.R. Damasio (2005). The Somatic Marker Hypothesis: A neural theory of economic decision. *Games and Economic Behaviour*, 52: 336-372.

Beck, U.C. og T. Heinskou (2011). "Ledelse og mentalisering". I T. Heinskou og S. Visholm (red.), *Psykodynamisk Organisationspsykologi. Bind II: På mere arbejde under overfladerne.* København: Hans Reitzels Forlag: 175-196.

Bernth, I. (2003). En etologisk tilgang til personlighedsudvikling – Bowlby-Ainsworths tilknytningsteori. *Psyke & Logos*, 24: 485-528.

Borge, A.I.H. (2004). *Resiliens – Risiko og sund udvikling.* København: Hans Reitzels Forlag.

Bouchars, M.A. og S. Lecours (2008). "Contemporary Approaches to Mentalization in the Light of Freuds' Project". I F.N. Busch (red.), *Mentalization. Theoretical considerations, research findings, and clinical implications.* New York: The Analytic Press: 103-129.

Botvinick, M. m.fl. (1999). Conflict Monitoring versus Selection-for-Action in Anterior Cingulate Cortex. *Nature*, 402: 179-181.

Bowlby, J. (1977): The Making and Breaking of Affectional Bonds. *The British Journal of Psychiatry.* 130: 201-210.

Bowlby, J. (1951). *Maternal Care and Mental Health.* Geneva: World Health Organization. (Dansk oversættelse (1953): *Børn uden hjem: Et samfundsproblem.* København: Munksgaard).

Boye, K. (2010). At være eller at have. *Mål og mæle*, 33 (4): 4-5.

Bretherton, I. (1995). "The Origins of Attachment Theory. John Bowlby and Mary Ainsworth". I S. Goldberg, R. Muir og J. Kerr (red.), *Attachment Theory. Social, developmental, and clinical perspectives.* London: The Analytic Press: 45-84.

Buszewicz, M. m.fl. (2006). Patients' Experiences of GP Consultations for Psychological Problems: A qualitative study. *British Journal of General Practice*, 56 (528): 496-503.

Chartrand, T.L. og J.A. Bargh (1999). The Chameleon Effect: The perception-behavior link and social interaction. *Journal of Personality and Social Psychology*, 76: 893-910.

Choi-Kain, L.W. og J.G. Gunderson (2008). Mentalization: Ontogeny, assessment, and application in the treatment of borderline personality disorder. *American Journal of Psychiatry*, 165: 1127-1135.

Christiansen, I. (2006). Når mentalisering slår klik. *Psykolog Nyt*, 21: 20-25.

Davidsen, A.S. (2013). *Samtale og forståelse i almen praksis – samt metoder til undersøgelse heraf.* Doktordisputats. København: Det Sundhedsvidenskabelige Fakultet. Københavns Universitet.

Dijksterhuis, A.P., T.L. Chartrand og H. Aarts (2007). "Effects of Priming and Perception on Social Behavior and Goal Pursuit". I J.A. Bargh (red.), *Social Perception and the Unconscious. The automaticity of higher mental processes*. New York: Psychology Press: 51-131.

Euston, D.R., A.J. Gruber og B.L. McNaughton (2012). The Role of Medial Prefrontal Cortex in Memory and Decision Making. *Neuron*, 76 (6): 1057-1070.

Fogtmann, C.F. (under udgivelse). Grammatik, forståelser og følelser – hvad er i spil når politiet tester sprog? *Studier i Nordisk 2010-2011*.

Fogtmann, C.F. (2011). Mentaliseringsteori og interaktionsanalyse.

Integration af sprog og psykologi. *NyS*, 41: 10-39.

Fonagy, P. (2013). *Mentalization and Attachment: The implication for community based therapies.*

Fonagy, P. (2009). "Den mentaliseringsbaserede tilgang til social udvikling". I J. Allen, P. Fonagy og A. Bateman (red.), *Mentaliseringsbaseret behandling i teori og praksis*. København: Hans Reitzels Forlag: 229-268.

Fonagy, P. og E. Allison (2012). "What is Mentalization? The concept and its foundation in developmental research". I N. Midgley og I. Vrouva (red.), *Minding the Child: Mentalization-based interventions with children, young people and their families*. New York: Routledge: 11-34.

Fonagy, P., A. Bateman og P. Luyten (2012). "Introduction and Overview. I A. Bateman og P. Fonagy (red.), *Handbook of Mentalizing in Mental Health Practice*. Arlington: American Psychiatric Publishing: 3-42.

Fonagy, P. og P. Luyten (2009). A Developmental, Mentalization-based Approach to the Understanding and Treatment of Borderline Personality Disorder. *Development and Psychopathology*, 21: 1355-1381.

Fonagy, P. m.fl. (2007). *Affektregulering, mentalisering og selvets udvikling*. København: Akademisk Forlag.

Fonagy, P. og M. Target (2005). Bridging the Transmission Gap: an end to an important mystery of attachment research? *Attachment Human Development*, 7: 333-343.

Fonagy, P. m.fl. (1998). *Reflective-functioning manual, version 5.0: for application to adult attachment interviews*. London: University College London.

Fonagy, P. m.fl. (1995). "The Predictive Validity of Mary Main's Adult Attachment Interview: A psychoanalytic and developmental perspective on the transgenerational transmission of attachment and borderline states". I S. Goldberg, R. Muir og J. Kerr (red.), *Attachment Theory: Social, developmental and clinical perspectives*. Hillsdale: The Analytic Press: 233-278.

Fotopoulou, A., D. Pfaff og M.A. Conway (red.) (2012). *From the Couch to the Lab. Trends in psychodynamic neuroscience*. Oxford: Oxford University Press.

Frith, U. og C.D. Frith (2003). Development and neurophysiology of mentalizing. *Philos. Trans. R. Soc. Lond. B. Bol. Sci*, 358: 459-473.

Gallese, V., M.N. Eagle og P. Migone (2007). Intentional Attunement: Mirror neurons and the neural underpinnings of interpersonal relations. *Journal of the American Psychoanalytic Association*, 55: 131-176.

Gallois, C., T. Ogay og H. Giles (2005). "Communication Accommodation Theory". I W.B. Gudykunst (red.), *Theorizing About Intercultural Communication*. Thousand Oaks: Sage Publications: 121-148.

Goldberg, S. (1995). "Introduction". I S. Goldberg, R. Muir, J. Kerr (red.), *Attachment Theory. Social, developmental, and clinical perspectives*. London: The Analytic Press: 1-18.

Goldman, A.I. (2006). *Simulating Minds: The philosophy, psychology and neuroscience of mindreading*. New York: Oxford University

Press.

Gopnik, A. og A.N. Meltzoff (1997). *Words, Thoughts and Theories.* Cambridge, MA: MIT Press.

Gottmann, J.M. og R.W. Levenson (1985). A Valid Procedure for Obtaining Self-report of Affect in Marital Interaction. *Journal of Consulting and Clinical Psychology,* 53: 151-160.

Grønvold, M. m.fl. (2006). *Kræftpatientens verden. Kræftpatientens verden – en undersøgelse af, hvad danske kræftpatienter har brug for.* København: Kræftens Bekæmpelse.

Halpern, J. (2003). The Capacity to Be an Analyst: A contribution from attachment research to the study of candidate selection. *International Journal of Psychoanalysis,* 84: 1605-1622.

Hart, S. (2008). Tilknytningens betydning – et indblik i neuroaffektiv udviklingspsykologi. *Psykologiinformation,* 2: 23-40.

Hart, S. og R. Schwartz (2008). *Fra interaktion til relation. Tilknytning hos Winnicott, Bowlby, Stern, Shore og Fonagy.* København: Hans Reitzels Forlag.

Heinskou, T. (2012). *Mentalisering i organisationer.* Præsentation ved Nordisk konference i mentalisering og mentaliseringsbaserte terapier.

Herman, J. (2005). "Tankestrømme under lægens konsultation". I J. Hermann, C.B. Nielsen og M. Siiner (red.), *På Sporet af Sprogpsykologi.* København: Frydenlund: 27-38.

Holmes, J. (2005). Notes on Mentalizing – old hat or new wine? *British Journal of psychotherapy,* 22 (2): 179-197.

Iacoboni, M. (2009). Imitation, Empathy, and Mirror Neurons. *Annual*

Review of Psychology, 60: 653-670.

Jensen, T.W. (2007). "Fra Theory of Mind til Empati". I M. Skov og T.W. Jensen (red.), *Følelser og Kognition*. København: Museum Tusculanums Forlag: 197-220.

Jurist, E. (2010). "Dit sind og mit. Nye retningslinjer for mentaliseringsteorien". I J. Allen, P. Fonagy og A. Bateman (red.), *Mentaliseringsbaseret behandling i teori og praksis*. København: Hans Reitzels forlag: 269-286.

Jørgensen, M.W. og L. Phillips (1999). *Diskursanalyse – som teori og metode*. Frederiksberg: Samfundslitteratur.

Karlsson, R. og A. Kermott (2006). Reflective-functioning during the Process in Brief Psychotherapies. *Psychotherapy: Theory, Research, Practice Training*, 43 (1): 65-84.

Keysers, C. m.fl. (2004). A Touching Sight: SII/PV activation during the observation and experience of touch. *Neuron*, 42: 335-346.

Kimberley, A.B. m.fl. (2010). Computer Scoring of the Levels of Emotional Awareness Scale. *Behaviour Research Methods*, 42 (2): 586-595.

Kosfeld, M. m.fl. (2005). Oxytocin Increases Trust in Humans. *Nature*, 435: 673-676.

Krznaric, R. (2013). *Reading the Mind in the Eyes*.

Larsen, D.G. (2013). *Genfortællinger. En undersøgelse af stabilitet og forandring i to fortælleres versioner af personligt oplevede begivenheder fortalt med 15-20 års mellemrum*. Ph.d.-afhandling. København: Københavns Universitet.

Lecours, S. og M.A. Bouchard (1997). Dimensions of Mentalization:

Outlining levels of psychic transformation. *International Journal of Psychoanalysis*, 78: 855-875.

Liotti, G. og P. Gilbert (2011). Mentalizing, Motivation, and Social Mentalities. *Psychology and Psychotherapy: Theory, Research and Practice*, 84: 9-25.

Luyten, P. m.fl. (2012). "Assessment of Mentalization". I A. Bateman og P. Fonagy (red.), *Handbook of Mentalizing in Mental Health Practice*. Arlington: American Psychiatric Publishing: 43-66.

Madsen, S.A. og L.S. Munk (red.) (2011). *Projektrapport Relationelle kompetencer. Metoder til at fremme relationelle kompetencer i personalets arbejde med kræftpatienter.*

Main, M. (2013). *Adult Attachment Interview Protocol.*

Main, M. (1991). "Metacognitive Knowledge, Metacognitive Monitoring, and Singular (Coeherent) vs. Multiple (Incoherent) Model of Attachment". I C.M. Parkes, J. Stevenson-Hinde og P. Marris (red.), *Attachment across Life Cycle*. Routledge: London-New York: 127-159.

Mead, G.H. (1967). *Mind, Self and Society*. Chicago: The University of Chicago Press. (Dansk oversættelse (2005): *Sindet, selvet og samfundet*. København: Akademisk Forlag).

Mohaupt, H. m.fl. (2006). Affect Consciousness or Mentalization? A comparison of two concepts with regard to affect development and affect regulation. *Scandinavian Journal of Psychology*, 47 (4): 237-244.

Nitsun, M. (1996). *The Anti-group: Destructive forces in the group and their creative potential*. London and New York: Routledge.

Pomerantz, A. (2005). "Using Participants' Video-stimulated Comments to Complement Analyses of Interactional Practices". I H. te Molder og J. Potter (red.), *Conversation and Cognition*. Cambridge: Cambridge University Press: 93-113.

Potter, J. og A. Hepburn (2007). "Discursive Psychology: Mind and reality in practice". I A. Weatherall, B.M. Watson og C. Gallois (red.), *Language, Discourse and Social Psychology*. Basingstoke: Palgrave Macmillan: 160-181.

Reupert, T. (2009). Kan man skære den følelsesmæssige smerte bort? *ViPU (Videnscenter for Psykiatri og Udviklingshæmning)*, 4: 7-11.

Rydén, G. og P. Wallroth (2008). *Mentalisering. At lege med virkeligheden*. København: Dansk Psykologisk Forlag.

Satpute, A.B. og M.D. Lieberman (2006). Integrating automatic and controlled processes into neurocognitive models of social cognition. *Brain Research*, 1079: 86-97.

Skårderud, F. og S. Karterud (2007). "Å forstå seg selv og hverandre – intet mindre". Introduktion til A. Bateman og P. Fonagy, *Mentaliseringsbaert terapi for borderline personlighetsforstyrrelse. En praktisk veileder*. Oslo: Arnberg Forlag: xiii-xxxv.

Skårderud, F. og B. Sommerfeldt (2013). Miljøterapiboken. *Mentalisering som holdning og handling (MBT – M)*. Olso: Gyldendal Akademisk.

Slade, A. m.fl. (2005). Maternal Reflective Functioning, Attachment and the Transmission Gap: A preliminary study. *Attachment Human Development*, 7: 283-298.

Solms, M. og M.R. Zellner (2012). "Freudian Drive Theory Today".

I A.D. Fotopoulou, D. Pfaff og M.A. Conway (red.), *From the Couch to the Lab. Trends in psychodynamic neuroscience*. Oxford: Oxford University Press: 49-63.

Taylor, C. og P. Fonagy (2012). *Empathic Care for Children with Disorganized Attachments: A model for mentalizing, attachment and trauma-informed care*. London: Jessica Kingsley Publisher.

te Molder, H. og J. Potter (red.) (2005). *Conversation & Cognition*. Cambridge: Cambridge University Press.

Thøgersen, J. (2005). Sprog og interview, Interview og sprog – interviews som dataindsamlingsmetode i sprog – og holdningsforskningen. *NyS*, 33: 9-41.

Trudgill, P. (2008). Colonial Dialect Contact in the History of European Languages: On the irrelevance of identity to new-dialect formation. *Language in Society*, 37: 241-254.

Twemlow, S.W., P. Fonagy og F.C. Sacco (2012). "A Developmental Approach to Mentalizing Communities through the Peaceful Schools Experiment". I N. Midgley og I. Vrouva (red.), *Minding the Child: Mentalization-based interventions with children, young people and their families*. New York: Routledge: 187-201.

Twemlow, S.W., P. Fonagy og F.C. Sacco (2002). Feeling Safe in School. *Smith Studies in Social Work*, 72 (2): 303-326.

Twemlow S.W. m.fl. (2001). Creating a Peaceful School Learning Environment: A controlled study of an elementary school intervention to reduce violence. *The American Journal of Psychiatry*, 158 (5): 808-810.

Væver, M. m.fl. (2010). Vokal og motorisk co-regulering i tidlig morbarn-interaktion: En præsentation af forskningen ved Københavns Universitets babylab. *Psyke og Logos*, 31: 736-766.

Ward, J. (2010). *The Students' Guide to Cognitive Neuroscience*. New York: Psychology Press.

Wive, L.B. (2006). *Håndbog for pårørende til personer med hjerneskade*. Taastrup: Hjerneskadeforeningen.

Zahavi, D. (2010). Empathy, Embodiment and Interpersonal Understanding: From Lipps to Schutz. *Inquiry – An Interdisciplinary Journal of Philosophy*, 53: 285-306.

Zahavi, D. (2008). Simulation, Projection and Empathy. *Consciousness and Cognition*, 17: 514-522.